现代建筑设计基础理论探索

张海康　著

中国建材工业出版社

北　京

图书在版编目(CIP)数据

现代建筑设计基础理论探索/张海康著. --北京：中国建材工业出版社，2024. 8. --ISBN 978-7-5160-4265-6

Ⅰ. TU2

中国国家版本馆 CIP 数据核字第 2024FL9670 号

现代建筑设计基础理论探索

XIANDAI JIANZHU SHEJI JICHU LILUN TANSUO

张海康 著

出版发行:中国建材工业出版社

地　　址:北京市西城区白纸坊东街 2 号院 6 号楼

邮　　编:100054

经　　销:全国各地新华书店

印　　刷:北京印刷集团有限责任公司

开　　本:710mm×1000mm　1/16

印　　张:10.5

字　　数:137 千字

版　　次:2024 年 8 月第 1 版

印　　次:2025 年 1 月第 1 次

定　　价:59.80 元

本社网址:www.jccbs.com,微信公众号:zgjskjcbs

前 言

随着我国建筑事业的不断发展，人们对建筑的要求也越来越高。传统的建筑理念已经不能满足社会的需要。因此，建筑师以及全社会应当负起责任，大力引进建筑高新技术及设计理念，设计并建造出更加适应当今社会的建筑。

建筑可以被理解为一种艺术创作，它不仅需要满足人们的功能需求，更需要满足人们的审美需求。建筑具有一定的独特性，不能随意复制，建筑设计能体现创意，所以在建筑设计中，要注重运用创意思维。创新作为每一种实践行为的发展出路，在建筑设计中有着重要的意义。创新是时代精神，在社会不断发展的今天，只有不断追求卓越、不断创新，才能更大地推动建筑业的发展，让中国建筑设计水平赶上甚至超越国际领先水平。随着时代的不断发展，我国建筑业的发展的必经之路就是建筑设计的创新，建筑设计的创新将为我国建筑业开辟了更加广阔的空间，将会设计出更多的崭新建筑，为人们提供更多的选择，更加贴近人们的生活。

为确保本书的准确性和严谨性，笔者在撰写本书的过程中参阅了大量文献和专著，在此向其作者表示感谢。由于笔者学识有限，书中难免存在错误和疏漏之处，恳请广大读者批评指正。

目录

第一章　建筑与建筑设计

第一节　建筑的基本知识

建筑是人们生活中最熟悉的一种存在，如住宅、学校、商场、博物馆等是建筑；纪念碑、候车廊、标志物等也属于建筑的范畴。人们在生活中使用着建筑、谈论着建筑、体验着建筑本项目从建筑的基本概念入手，重点介绍了建筑的性质、基本要素以及建筑设计的概念。

一、建筑的定义与分类

（一）建筑的定义

“建筑”的定义涵盖范围较广，从广义上讲，可以从三个方面来理解：第一个方面是指建筑物，即它的名词属性；第二个方面是指建设，即它的动词属性；第三个方面是指建筑学，即从职业学科的角度。

从狭义上讲，建筑是一种提供室内空间的遮蔽物，是区别于暴露在自然日光、风霜雨雪下的室外空间的防护性构筑物，是人们用泥土、砖、瓦、石材、木材、钢筋混凝土等建筑材料构成的一种供人居住和使用的空间，如住宅、厂房、体育馆、窑洞、寺庙等。

从广义上讲，景观、园林也是建筑的一部分。

上面提到的建筑物与构筑物是不同的。构筑物一般是指除了有明确定义的工业建筑、民用建筑和农业建筑等之外的，对主体建筑有辅助作用的，有一定功能性的结构建筑的统称。通常情况下，就是不具备、不包含或不提供人类居住功能的人工建筑物，比如水塔、水池、过滤池、澄清池、沼气池等。因此，可以简单地认为建筑就是建筑物，是能够提供居住环境的物质条件。

（二）建筑的分类与分级

1. 建筑的分类

（1）按使用功能分类

建筑按使用功能可分为民用建筑、工业建筑和农业建筑。其中，民用建筑按功能可分为居住建筑和公共建筑。

①居住建筑是指供人们日常居住生活使用的建筑物，如住宅、宿舍、公寓等。

②公共建筑是指供人们进行各种社会活动的建筑物，包括行政办公建筑、文教建筑、托幼建筑、医疗建筑、商业建筑等。

③工业建筑是指为工业生产服务的各类建筑，如生产车间、辅助车间、动力用房、仓储建筑等。

④农业建筑是指用于农业、牧业生产和加工的建筑，如温室、畜禽饲养场、粮食与饲料加工站、农机修理站等。

（2）按规模分类

建筑按规模可分为大量性建筑和大型性建筑。

①大量性建筑主要是指量大面广，与人们生活密切相关的建筑，如住宅、学校、商店、医院、中小型办公楼等。

②大型性建筑主要是指建筑规模大、耗资多、影响较大的建筑，与大量性建筑相比，其修建数量有限，但在国家或地区范围内具有很强的代表性，对城市的面貌影响很大，如大型火车站、航空站、大型体育馆、博物馆、大会堂等。

（3）按建筑层数分类

建筑按建筑层数可分为低层建筑、多层建筑、中高层建筑、高层建筑、超高层建筑。

①低层建筑指 1～3 层建筑。

②多层建筑指 4～6 层建筑。

③中高层建筑指 7～9 层建筑。

④高层建筑指 10 层以上住宅。公共建筑及综合性建筑的总高度超过 24m 为高层建筑。

⑤建筑物高度超过 100m 时，不论住宅或者公共建筑均为超高层建筑。

2. 建筑的分级

（1）按耐久性能划分

耐久等级依据建筑物的重要性和规模来确定。

①100 年以上适用于重要的建筑和高层建筑。

②50～100 年适用于一般性建筑。

③25～50 年适用于次要的建筑。

④15 年以下适用于临时性建筑。

（2）按耐火性能划分

耐火等级由组成建筑物构件的燃烧性能和耐火极限的最低值所决定，是衡量建筑物耐火程度的指标。建筑按耐火等级划分为四级，一级的耐火性能最好，四级最差。性能重要的规模宏大的、具有代表性的建筑，通常按一级耐火等级设计；大量性的或一般性的建筑按二、三级耐火等级设计；次要的或者临时性建筑按四级耐火等级设计。[①]

二、建筑的性质

建筑可以说是人们谈论最多和使用最多的环境。事实上，建筑为人所用，其不仅是一种物质性产品；也是一种精神性产品，是物质与精神的结合。建筑既有物质功能；又有精神功能，其内涵系统构成建筑的基本属性，主要有以下几方面。

（一）建筑的时空属性

建筑区别于其他艺术或学科的一个重要特点是，建筑的概念中既包

① 曹茂庆. 建筑设计构思与表达［M］. 北京：中国建材工业出版社，2017.

括实，也包括虚。从空间构成来说，既涉及实体又涉及虚体，既涉及流动又涉及静止；从时间范畴来说，既涉及历史又涉及现在，更涉及未来。建筑的时空属性包括两方面，时间属性和空间属性。

1．建筑的时间属性

建筑作为人类活动的载体，能量和物质的流动也应处于动态之中，随时间的变化而变化。从某种意义上来说，建筑是一种动态的系统，其与所在地区之间的相互作用是动态和变化的。同样，建筑往往具有一定的应变性，以应对不断变化而影响建筑存在和发展的各种因素的改变，利用和发扬有利的因素，回避和遏制不利的因素，从而达到调节、适应和改善人类生存空间和环境的目的。

从时间的角度来看待建筑、思考建筑的属性，以及从建筑学的角度考察时间、认识时间的本质，建筑的时间属性最直观体现的是在建筑的各种现象之中，是我们能够感知到的因素。时间是万物存在的尺度，建筑中也存在着时间性。其中建筑的时间性体现在建筑各构成要素中的以下几个方面。

建筑的功能、空间、形态、意义等元素都具有时间性，因此建筑的时间性通过在建筑的各构成要素中体现出来，建筑的功能、空间、形态和意义的时间性共同构成了建筑时间性结构。

（1）建筑功能的时间性主要体现在功能的阶段性、周期性、时间凝结建筑和事件发生器之中，即建筑功能是不固定的，它随着使用主体和时间而变化。

（2）建筑空间的时间性主要体现在空间演进性、时间序列的建筑、行进式体验建筑和动态空间的建筑之中，即建筑空间在时间视角中是多义的。

（3）建筑形态的时间性主要体现在物理时间刻度、自然时差建筑、时光载体建筑和建筑形态的历时性之中，即建筑形态是随着时间的流逝和变化以不同的方式展现出来的。

(4) 建筑意义的时间性主要体现在建筑文本的共时性、建筑文脉的历时性和建筑意义的解释链之中，即解读建筑作品的意义会因人而异、因时而异，建筑作品的意义因而表现出与时间维度的关系。

由此可知，建筑的功能、空间、形态和意义一同完整地阐释着建筑时间性的范畴和价值。

2. 建筑的空间属性

建筑的空间属性既是其所特有的属性，也是其所共有的属性，所有的建筑都有空间，无论其处于任何时代、地域或文化氛围中。建筑的空间属性主要分为两个方面，即物质属性和精神属性。

(1) 建筑空间属性的物质属性

建筑空间属性的物质属性主要有四个部分，即流动性、塑造性、识别性和安全性。

①空间的流动性

空间的流动性是指建筑的空间应该是彼此流动而不是封闭的，通过对动态空间进行围合，打破固有的界限关系，能给居于其中的人们带来别样的感受。通过一些空间限定要素实现空间的围合，进而在空间与空间之间产生流动感，组合上进行横向或纵向的串联方式，使空间与人以多个维度进行最短、最直接的互动与交流。通过空间限定要素表现空间的流动性，能对人们在建筑空间中的各种活动进行很好的掌控。

②空间的塑造性

空间的塑造性是指建筑空间所表现的特有的一种气质和氛围，是建筑空间本身塑造的一种情景，它有着特定的情绪和格调，例如宗教建筑往往表达一种崇高、宁静的气氛，宫殿建筑往往表达一种威严的气势。塑造性使得不同的空间根据其使用情况不同形成对应的空间氛围。

③空间的识别性

空间的识别性也是非常重要的空间属性。如今空间内容形式趋近于模糊化，这种模糊化易使使用者产生困惑，如建筑内部空间环境的相似性容易让人们无法辨识等。建筑空间过于复杂或过于相似都会产生识别性的问题，当然解决这种问题的方式也有很多。比如说在空间中给予一定的引导元素或通过空间限定要素增强空间的导向性等方式，能很好地解决识别性的问题。

④空间的安全性

空间的安全性是指使用者在空间中能够按照预期的目标发展，没有受到其他方面的干扰。安全性是人们使用空间的前提，是人们在空间活动的最基本要求。通过对空间元素的限定处理来实现，给人明确地引导，增强空间的安全性。如在一些娱乐场所，人们往往只顾及玩耍而无视安全隐患，疏散通道常常被封死，甚至沿途的疏散通道都是在阴暗的环境中，一旦出现火灾后果将十分严重。理想的设计是建筑防火疏散通道应该设置明显的标志，能够很好地引导人流。

(2) 建筑空间属性的精神属性

建筑空间属性的精神属性主要有两个部分，即私密性和领域性。

①空间的私密性

空间的私密性与使用者在空间中的尺度和活动状态有着密切的联系。例如在商场中人的活动范围较大，具有较大的随机性与不定向性，因此其私密性较差；而在卧室中人的活动范围较小，空间的私密性较强。空间行为研究者阿尔托曼认为私密性以动态和辩证的方式去理解环境与行为的关系，私密性是人们对空间感知的一个很重要的方面。

私密性并不一定意味着自己独处，它是个人用以控制与何人互动，以及何时和如何发生互动的边界控制过程，如人们在属于自己的天地里进行活动，同样有较强的私密性。人们主观上总是努力保持最优私密性水平，当个人所希望的需要与他人接触的程度和实际所达到的接触程度相匹配时，就达到了最优私密性水平。

人们的活动需要的私密性程度不同，它随着所处环境的不同要求也不同。如何才能创造出更好的私密性呢？主要还是通过对空间的划分，将空间围合成一个相对较封闭的空间，在空间的限定上给人们提供一些遮蔽物体，如通过篱笆、矮墙等元素对空间进行划分。中国北方四合院建筑就是对行为空间的私密性进行了很好划分的实例。

②空间的领域性

空间的领域性本质上是使用者对空间的控制力，使用者对空间的控制力越强，使用频率越高，占用次数越多，其领域性越强。例如人们在公交车上都知道最前面的位置是属于司机的，而没人会认为后面的某个座位属于固定的某个人；或是在图书馆或自习室中，人们习惯去固定的位置看书学习，如果位置被他人占据，打破了这种一时习惯性的领域性的话，会使人感到不快。为了更好地建立空间的领域性，设计者应该通过对空间元素的限定来实现，如通过对空间进行合理划分，明确其领域性，使人们建立一种责任感。

（二）建筑的工程技术属性

1. 建筑的技术性与社会生产力

任何建筑的建造都需要符合使用者的实际需求和工程建造的基本要求，首先考虑工程技术性的要求。通俗地说，能建造出来的才是建筑，反之则为空中楼阁。其次建筑的工程技术与社会发展联系紧密，在社会生产力较低的古代社会中，公建和住宅的层数普遍较低。当然造成这种情况的原因不仅仅有当时社会生产力的原因，同时和选择的结构材料的特性也有一定的关系；而在社会生产力较高的现代社会中，公共建筑和住宅的高度可以做到数百米，远远超过了古代建筑的高度，随着社会的发展，建筑工程技术的不断进步，建筑的工程技术性也越来越强，建筑构造也越来越复杂。

2. 建筑的技术性与环境

从人类与自然、社会环境的关系上讲，建筑是一种中介，是建立人与自然、人与社会的复杂构成内容之间合宜关系的不可或缺的连接体。这里的环境，既包括自然环境，也包括社会环境。建筑的技术性与环境的关系在其不断的发展变化中进行改变，而这种改变往往既受社会环境的影响，也受自然环境的影响，这种影响最终也反映到人与建筑、人与环境的关系中。因此在考虑建筑的技术性与环境的关系的时候，应该注意到其本质是建筑与人和环境的共同关系。

从建筑技术性的发展历史来看，其与环境的关系发展经历了三个阶段。

（1）第一阶段——适度地利用自然

这一阶段，建筑技术性的发展处于初级阶段，主要是利用自然环境中的资源进行建造。这一时期建筑技术性的发展整体是较为缓慢的，尽管由于漫长时间的建筑营造导致了某些地区的自然资源出现了一定的匮乏，但平均到几千年的时间中，耗费的自然资源仍是相对较少，其影响整体上不是很严重。这段时间中建筑技术适应和改造自然的能力是低下的，人的主观能动作用的发挥是非常有限的。为此，建筑仅仅担负起了屏蔽自然的介质作用，反映到建筑的技术性上就是适度地在现有的技术条件下利用现有的自然资源进行建造。

（2）第二阶段——过度地利用自然

这一阶段，建筑的技术性随着社会科技的进步得到了飞跃式的发展。人类在几千年的实践基础上，对建筑的技术、构造等都积累了较为丰富与系统的规律性的认识。尤其是进入工业社会以来，科学技术的迅猛发展促进了建筑技术的发展，建筑规模不断扩大，建造技术不断更新，耗费的自然资源也不断增加。建筑大量地向自然索取土地、森林和能源等，同时其运行所产生的垃圾和废物对人类赖以生存的环境造成严重污染。因此概括地讲，这一时期建筑对环境造成了很大的影响，反映到建筑的技术性上就是为了满足其建造要求，在非常短的时间内耗费了过多的自然资源，对环境造成了严重的威胁和破坏，是一种过度利用自然的表现。

（3）第三阶段——有意识地控制自然

这一阶段，人类有意识地去修复、去控制建筑与环境的关系。从建筑的技术性的角度而言，即探索对环境资源耗费更少、污染更小、更环保的技术进行建造，力求减少对环境造成的破坏。在这一时期，探索主要分为两种方式，一是对传统建筑技术的再利用；二是采用绿色新技术来迎合人们对美好环境的需求。

（三）建筑的艺术属性

建筑可以说是人们生活中不可缺少的艺术，建筑不仅散布在大地上，而且往往还要存在很长的一段时间。人们常常看到建筑，当人们在使用建筑、仔细地体会和品味身边的建筑时，会发现建筑物质形态背后丰富的艺术内涵。从人类原始的穴居、巢居以来，伴随着作为遮蔽物的功用属性，建筑的审美属性也随之产生，并作为一门艺术开始生根发芽。

1. 建筑是艺术的创作

建筑几乎都具有实用功能，实用功能通过一定的技术手段创造出来，但几千年的建筑发展史却表明，艺术和审美的表达有时会成为建筑的主体内容，甚至部分超出了功能和技术的控制，成了建筑的中心。

建筑的英文“Architecture”本意为“巨大的艺术”，因此可以说建筑从其起源时就具有了艺术特征。古典艺术家历来把建筑列入艺术部类的首位，将建筑、绘画、雕塑合称为三大空间艺术，它们和音乐、电影、文学等其他艺术部类有着共同的特征。建筑有鲜明的艺术形象，有强烈的艺术感染力，有不容忽视的审美价值，有民族的、时代的风格流派，有按艺术规律进行的创作方法等。建筑是最大的艺术，为了提供空间以供使用，建筑往往体量很大，但是大小却并不仅是建筑习惯上的属性，而且还是建筑艺术某些乐趣的根源。

广义上讲，建筑即建筑艺术，二者是等同的概念，正如绘画即绘画艺术，雕塑即雕塑艺术一样。因此可以说，无论是庄严的教堂、纪念碑、文化性的博物馆、艺术中心，还是朴素的住宅、厂房等，任何形式的建筑都是艺术的创造，都含有艺术的成分，都与社会的意识形态、大众的审美选择相联系，只是表现的形式与感染力程度不同而已。

建筑艺术通过形体与空间的塑造，从而获得一定的艺术氛围，或庄严或幽暗或明朗或沉闷或神秘或亲切或宁静或活跃等。

2. 建筑具有客观的形式美的规律

建筑是一种空间艺术，它无法摆脱点、线、面、体等基本形式和材、质、色的表达，同时又会受到实用功能和技术、经济的约束。客观的内涵和表现形式决定了建筑艺术具有客观的形式美规律，具有相对独立的原理和法则，概括而言就是多样统一，涉及整体与局部、节奏与韵律、对比与和谐、比例与尺度、对称与均衡，以及主从、虚实等客观规律。形式美的规律与法则具有一定时期的稳定性和合理性，是与客观的梵蒂冈圣彼得大教堂社会存在、意识形态相依存的，是不断向前发展的，是不存在永恒的形式美的。这种形式美的规律不受时代、民族、地域的限制，例如文艺复兴时期的梵蒂冈圣彼得大教堂等，至今依然有着巨大的影响力。

3. 建筑受社会审美意识的制约

建筑的艺术，与其他艺术形式一样，有相似的艺术生命规律。一栋建筑不仅仅是建筑师创造的孤立物品，而且还凝聚着建筑师的个人综合素养以及建筑师复杂的自然观、社会观，因此可以说建筑总会或多或少地显现社会意识形态的影子。同时建筑作为一种实用艺术，其艺术的生命力还要在漫长的使用、欣赏和时间检验的过程中完成。社会培育了建筑师，建筑师根据具体的任务和条件创造了建筑，建筑为大众和社会服务以实现其生命价值，因此可以说，建筑艺术的产生和存在是社会、个体建筑师和大众共同作用的结果。

建筑艺术包含物质功能性与审美功能性两个方面，这两个方面联系紧密，常常彼此包含，因此建筑艺术的审美属性具有实用性和强制性的特征。

第一，实用性即说，建筑的目的首先是为了“用”，而不是为了“看”。即使是纪念碑、陵墓也要考虑举行纪念仪式时人流活动的具体要求。其他各类艺术，美可以是唯一目的或主要目的，而建筑却必须和实用联系在一起。建筑的实用性特点，影响着人们的审美观。即说，建筑物对人类生活的功能好坏，往往决定着人们观感的美与丑，因而建筑的审美意义，有赖于实用意义。建筑的实用性是艺术性的基础，而艺术性中也常常包含着实用性。

第二，强制性是指没有一个人能离开建筑，建筑的审美是带“强制性”的。人们日常生活中可以不听音乐，不看戏剧，不欣赏画展，不读小说，但却不可能不住住宅，不可能对矗立在自己眼前的建筑视而不见。因为它是物质存在，是实实在在的物体。不管人们自觉还是不自觉，有兴趣还是无兴趣，都会经常面对各种类型、不同形式的建筑，这些建筑都会使人们提出自己的审美评价。

4. 建筑富含理性的成分

建筑是一种艺术，但不同于文学、绘画和音乐等，建筑的艺术在表达创作者的主观思想意识的同时，不能完全变为作者的主观的、自我的宣泄，而必须受功能、技术、经济等客观条件的限制，甚至部分建筑的功能、技术也会成为建筑艺术表现的核心内容。①

画家作画的时候大都希望自己的作品能成为艺术，建筑师创作的时候同样如此，但多数建筑常常会泯然于众，只有那些经典、有一定价值的建筑才能成为艺术。因此对于建筑来说，理性是其不可缺少的一部分。建筑只有站在工程、物理、机械、政策、经济、工艺的肩头上，才能成为艺术。

一座建筑的完成，仅仅依赖于艺术的创造是不可行的，甚至是危险的。尽管有时艺术的主观成了先入为主的表达，但建筑必须追求功能、技术、艺术相统一的原则和要求，因此艺术不会成为建筑中孤立的构成。脱离功能、技术、环境的特定要求，建筑艺术的存在是不真实的。

---

① 陈超．现代日光温室：建筑热工设计理论与方法［M］．北京：科学出版社，2017．

建筑是理性与艺术的结合，确有价值的是其实用性，华丽的光芒是从感官借来的。

5. 建筑的艺术形象

建筑的艺术在空间里塑造的永远是正面的抽象的形象。

说建筑是正面的，是因为建筑所反映的社会生活只能为一般的，而不可能出现如悲剧式的、颓废式的、讽刺式的、伤感式的、漫画式的形象。就建筑形象本身而言，也分不出什么进步的或落后的。例如万里长城本来是民族交往的障碍，是刀光剑影的战争产物，现在却成了全体中华民族的骄傲，是闻名世界的游览胜地。

同时，建筑塑造的正面形象又是抽象的，是由几何形的线、面、体组成的一种物质实体，是通过空间组合、色彩、质感、体形、尺度、比例等建筑艺术语言构成的一种意境与气氛，或庄严，或活泼，或华美，或朴实，或凝重，或轻快，引起人们的共鸣与联想。人们很难具体描述一个建筑形象的情节内容。建筑所表现的时代的、民族的精神也是不明确、不具体的，是空泛的、朦胧的。它不可能也不必要像绘画、雕塑那样细腻地描摹，还原现实；更不能像小说、戏剧、电影那样表达复杂的思想内容，反映广阔的生活图景。正因如此，建筑的艺术常用象征、隐喻、模拟等手法塑造形象。

建筑的艺术属性作为建筑的精神属性的重要体现，有三个层级。第一层级与物质性和物质条件紧密相关，前者体现为建筑的功能美——安全感与舒适感，是“美”与物质性“善”的统一；后者体现为材料美、结构美、施工工艺的美和环境美，是“美”与物质性“真”的统一。

第二个层级与物质性因素相距稍远，是在达到上一个层级的建筑美的基础上，进一步运用主从、比例、尺度、对称、均衡、对比、对位、节奏、韵律、虚实、明暗、质感、色彩、光影和装饰等“形式美法则”，对建筑进行的一种纯形式的加工，它造成既多样又统一的完美构图，并形成某种风格。

上述两个层级的艺术品位较低，大致与一般物质产品如交通工具、生活用品、产品设计所具有的美相当，重在令人悦目的“美观”，属于实用美学或技术美学范畴，一般只应以“建筑美”“形式美”或“广义建筑艺术”来定位。大量的、一般的、以解决实用目的为主的建筑大多属此类。

建筑的艺术属性中，最后一个层级品位最高，其离物质性因素最远，已属于狭义的“真正的”艺术即“纯艺术”的范畴，其要义不仅在于悦目，更在于赏心，它创造出某种情绪氛围，富有表情和感染力，可以陶冶和震撼人的心灵，其价值并不在其他纯艺术之下，甚至远远超过其他纯艺术。这类建筑包括国家性、文化性、标志性的大型公共建筑或纪念性、旅游性的建筑，保存至今的传统建筑如宫殿、园林、教堂和寺庙、陵墓等大多也属此类。

（四）建筑的时代性

建筑与人类的生活息息相关，建筑的产生、发展、变化与人类的发展史紧密联系在一起，随着人类的出现而出现，随着人类的进步而不断完善、提高；因此，可以说，建筑是人类文明的铭刻，是一部石头或木材铸成的史书。可以说每个时代有每个时代的建筑，时代的痕迹在建筑上的体现非常明显。这种体现主要有两个方面，一是建筑反映着社会的历史和主题；二是建筑反映着人们的生活方式。

1. 建筑反映着社会的历史和主题

法国作家雨果在《巴黎圣母院》中指出，最伟大的建筑大半是社会的产物而不是个人的产物，它们是民族的宝藏、世纪的积累，是人类社会才华的不断升华所留下的积淀……，它们是一种岩层，每个时代的浪潮都给它们增添冲积土，每一代人都在这座纪念性建筑上铺上他们自己的一层土，每个人都在它上面放上自己的一块石。建筑从诞生至今，一直是人类的巨著，是人类各种力量或才能的发展的主要表现。

2. 建筑反映着人们的生活方式

建筑与人的行为方式相对应，有什么样的生活就有什么样的建筑，反之亦然。在现代社会中，人们的生活方式得到极大的解放，更加多样、精彩，行为的不确定性也随着时代的发展越来越明显，因此反映到建筑上就是出现了类型丰富、形态各异、空间的开放性和包容性都显著增强的多种多样的建筑。随着互联网的普及与发展，建筑与互联网、建筑与智能化，建筑与其他学科的联系也越来越紧密。这些学科对建筑的设计、施工等都产生了不同程度的影响。因此建筑具有深刻的时代性，反映着整个社会的发展，是社会的一面镜子。

三、建筑的基本要素

人们对建筑有功能和使用方面的要求，同时又有精神和审美方面的要求，这两个方面的要求都要以必要的物质技术手段来达到。概括地说，即“两个目的，一个手段”。构成建筑的三要素分别是建筑功能、物质技术条件和建筑形象，三个要素彼此之间是辩证统一的关系。建筑功能是主导因素，它对物质技术条件和建筑形象起决定作用；物质技术条件是建造房屋的手段，它对建筑功能又起促进和约束的作用；建筑形象是建筑功能和物质技术条件的反映，在相同的建筑功能和物质技术条件下，如果能充分发挥设计者的主观作用，可以创造出不同的建筑形象，达到不同的美学效果。

（一）建筑功能

1. 建筑具有实用性

建筑作为包容人类生活和文化的容器，虽然随物质文明、社会进化以及精神、文化要求而世代更新，却一直脱离不开所谓“实用”的范围。建筑功能是建筑的第一基本要素，是人们建造房屋的具体目的和使用要求的综合体现。人们建造房屋主要是满足生产、生活的需要，同时也充分考虑整个社会的其他需求。任何建筑都有其使用功能，但由于各类建筑的具体目的和使用要求不尽相同，因此就产生了不同类型的建筑。如工厂是为满足工业生产的需要；住宅是为满足人们居住的需要；娱乐场所是为丰富人们的文化、精神生活的需要。

建筑功能在建筑中起决定性的作用，直接影响建筑的结构形式、平面布局和组合、建筑体型、建筑立面以及形象等。建筑功能也不是一成不变的，它随着社会的发展和人们物质文化水平的不断提高而变化。

2. 建筑具有服务性

建筑学服务的对象，不仅是自然的人，也是社会的人；不仅要满足人们物质上的要求，而且还要满足人们精神上的要求。建筑功能不能脱离一定的社会条件，要具备合理性。

要满足人们现代生活方式的需要。把需要具有民族特点的宜人的邻里环境有机地结合起来，寻到一种解决问题的方法和途径，同时在改造城市中对解决如何保护原本城市风貌问题也有了新的突破。这就是充分考虑建筑功能的合理性后做出的选择，并最终肯定广受好评。

在考虑建筑的功能时，包括下面几点：一是要满足人体活动所需的空间尺度，我们应该先讨论人的比例，因为从人体可以得到一切的尺度及其单位。在人体活动尺度要求中，需要充分考虑使用者的年龄、活动特性以及内部空间的特性等诸多问题。人使用建筑物，建筑物一定会和人的身体直接接触，如楼梯级深、门把手高度、浴盆高度以及其他建筑里的物品，都和人体活动尺度有关。安乐与广阔的感觉直接来自空间与人体活动尺度大小的关系；二是要满足人的生理要求，即要求建筑应具有良好的通风、采光、保温、防潮、隔声和防水等性能，这些都是满足人们生产和生活所必需的条件，为人们创造出舒适的生活环境；三是满足不同建筑使用特点的要求，即不同性质的建筑物在使用上有不同的特点，如影剧院、音乐厅、火车站、医院、住宅等都有各自的特点。

（二）物质技术条件

建筑的物质技术条件是建造建筑物的手段。物质技术条件一般包括建筑材料、建筑结构、建筑施工和建筑设备等方面的内容。随着材料技术的不断发展，各种新型材料不断涌现，为建造各种不同结构形式的房屋提供了物质保障；随着建筑结构计算理论的发展和计算机辅助设计的应用，建筑结构技术不断革新，为房屋建造提供了安全性保障；各种高性能的建筑施工机械、新的施工技术和工艺为建筑提供了技术保护手段；建筑设备的发展为建筑满足各种使用要求创造了条件。

随着建筑技术的不断发展，高强度建筑材料的产生、结构设计理论的成熟和更新、设计手段的更新、建筑内部垂直交通设备的应用，有效地促进了建筑朝大空间、大高度、新结构形式的方向发展。

就物质技术而言，建筑师总是在可行的建筑技术条件下进行艺术创作的，因为建筑艺术创作不可能超越技术上的可能性和技术经济的合理性。如果没有几何知识、测量知识和运输巨石的技术手段，古埃及的金字塔是无法建成的。人们总是利用当时可以利用的物质技术来创造建筑艺术文化。

随着现代科学技术的发展，建筑材料、施工设备、结构技术等方面的进步使人类得以将建筑向高空、地下、海洋等发展，为建筑的艺术创作开辟了广阔的天地。纵观近百年建筑的发展进程，由蒸汽时代到电气时代再到信息时代，不难看出每一个科技的进步，都将促进新的建筑科技的进步。

1．建筑材料

建筑材料，即在建筑工程中所应用的各种材料，大致可以分为无机材料、有机材料和复合材料三大类。这些材料往往具有不同的物理力学性能、稳定性和耐久性、外观特性和污染性，建筑师就是运用这些不同特性的建筑材料进行建筑构造设计的。

（1）在古代，建筑材料和气候的地区差异性是不同地区形成不同建筑文化的一个重要的物质因素和环境因素。中国古代中原地区地处温带季风性气候区，境内有大量的木材，因此建筑材料以木结构为主；古希腊地区多山，盛产大理石而缺乏足够的木材，因此其建筑材料以石材为主；而两河流域的古巴比伦地区木材和石材相对匮乏，因此建筑材料以黏土为主。

（2）工业革命后，建筑材料的大规模工业化生产，钢材、水泥、玻璃等的广泛应用，交通运输技术的进步，是现代建筑产生和发展的物质生产因素。人们在逐渐使用这些满足其实用性的建筑材料后，也发现了某些材料对人的精神和感官的影响和刺激。

（3）在20世纪初，混凝土因其力学性能而被广泛地应用于建筑领域；到20世纪中叶，建筑师们逐渐把目光从混凝土作为结构材料的具体利用转移到材料本身所拥有的柔软感刚硬感、温暖感和冷漠感等对人的不同的感官刺激上，开始用混凝土作为结构材料所拥有的与生俱来的装饰性特征来表达建筑的情感。

绚烂之极后会归于平淡，最高级的审美就是自然美。“大巧若拙”也是这个道理，最质朴的往往是最美的。而清水混凝土是混凝土材料中最高级的表达形式，素面朝天的美是最真实的美。

2. 建筑结构

建筑结构是指在房屋建筑中，由各种构件（屋架、梁、板、柱等）组成的能够承受各种作用的体系。所谓作用是指能够引起体系产生内力和变形的各种因素，如荷载、地震、温度变化以及基础沉降等因素。物质技术条件中最重要的是建筑结构技术，建筑如果没有结构就如同人体没有骨架。①

在建筑物中，建筑结构的任务主要体现在以下三个方面。

（1）服务于空间应用和美观要求

建筑物是人类社会生活必要的物质条件，是社会生活中人为的物质环境，建筑结构成为一个空间的组织者，如各类房间、门厅、楼梯、过

---

① 陈妮娜. 中国建筑传统艺术风格与地域文化资源研究［M］. 长春：吉林人民出版社，2019.

道等。同时建筑物不仅要反映人类的物质需要，还要满足人类的精神需求，而各类建筑物都要用结构来实现。可见，建筑结构服务于人类对空间的应用和美观的要求是其存在的根本目的。

(2) 抵御自然界或人为荷载

建筑物要承受自然界或人为施加的各种荷载或作用，建筑结构就是这些荷载或作用的支承者，它要确保建筑物在这些作用力的施加下不被破坏、不倒塌，并且要使建筑物持久地保持良好的使用状态。可见，支承各种建筑结构作为荷载或作用，是其存在的根本原因，也是其最核心的任务。

(3) 充分发挥建筑材料的作用

建筑结构的物质基础是建筑材料，结构是由各种材料组成的，如用钢材做成的结构称为钢结构，用钢筋和混凝土做成的结构称为钢筋混凝土结构，用砖（或砌块）和砂浆做成的结构称为砌体结构。

建筑结构技术的发展缓慢而坚实，人类从利用天然的洞穴、开始搭建建筑（庇护体）到学会石块的垒砌、砖块的烧制，经过了上万年的漫长历史。至今仍存在的著名遗迹有中国长城、埃及金字塔、雅典卫城、罗马斗兽场等，这些古建筑充分表明人类建筑结构技术曾经取得的辉煌成就。

在工业化时期的早期，新出现的社会体制极大地改变了原有的社会生产方式，新结构和新的构造做法，在一定程度上也促进了建筑和建筑形式的变革。20世纪以来，人们将建筑工程结构上升为工程科学，在设计上充分发挥材料的特性，把一些受弯构件变成受拉或受压构件，从而出现大跨度的空间形式，不但改变了过去的建筑形象，其内部功能也发生了革命性的改变。

3. 建筑施工

建筑施工是人们利用各种建筑材料、机械设备按照特定的设计蓝图在一定的空间、时间内为建造各式各样的建筑产品而进行的生产活动。

它包括从施工准备、破土动工到工程竣工验收的全部生产过程。在现阶段的建筑施工中，装配化、机械化和工厂化都能提高建筑的施工速度，当然这些都是以设计的定型化为前提。

在现在的施工技术中，大模板、滑模、密肋模壳等现浇与预制等方法越来越成熟，大跨度结构也已形成网架、网壳、悬索、薄膜等多种施工成套技术，同时针对不同条件采用高空散装法、高空滑移法、整体吊装法、整体提升法、整体顶升法、分段吊装法、活动模架法、预制拼装法等诸多施工方法。这些施工技术、施工方法的不断出现与成熟，使得人类能以较高的质量、较快的速度不断兴建新的建筑，同时人类也在不断探寻更好的施工技术和施工方法。

（三）建筑形象

建筑是凝固的音乐，同时也是一种静的艺术，它的美学规律基本上与工艺相同。建筑形象是建筑内、外感观的具体体现，必须符合美学的一般规律，优美的艺术形象给人以精神上的享受，它包含建筑形体、空间、线条、色彩、质感、细部的处理及刻画等方面。由于时代、民族、地域、文化、风土人情的不同，人们对建筑形象的理解各有不同，由此出现了不同风格和特色的建筑，甚至不同使用要求的建筑已形成其固有的风格。如执法机构所在的建筑多庄严雄伟、学校建筑多朴素大方、居住建筑一般简洁明快、娱乐性建筑一般更生动活泼等。

由于永久性建筑的使用年限较长，同时也是构成城市景观的主体，因此成功的建筑形象应当反映时代特征、反映民族特点、反映地方特色、反映文化色彩，有一定的文化底蕴，并与周围的建筑和环境有机融合与协调，能经受时间的考验。

建筑形象包括其外部形象与内部形象，即建筑外部的形体和内部空间的组合，包括表面的色彩和质感；包括建筑各部分的装修处理等的综合艺术效果。建筑形象能给人以巨大的感染力，给人以精神上的满足与享受，如亲切与庄严、朴素与华贵、秀丽与宏伟等，所以建筑形象并不是可有可无的内容。建筑形象常常与建筑性质、地区特点以及民族文化等密切相关。

1. 建筑的外部形象

从整体来说，建筑的外部形象是构成建筑外表各个要素的统称。通常来说，建筑立面和建筑造型共同构成建筑的外部形象。建筑立面从其构成要素上看，一般由墙面、屋顶、门、窗、台阶和一些装饰线脚组成。从材质上看，有常规的混凝土墙面，也有由大片的玻璃幕组成的墙面，也有现在较为少见的砖墙，一些建筑由于特殊要求，也会采用木质的墙面。从色彩上看，有采用材质本身颜色的，如木材的棕色、清水混凝土的灰色，也有在外墙面上刷不同颜色涂料的。而从平面形式上看，有常规的平面形式，也有高科技的曲面形式，有折面的，也有弧形的。

建筑造型广义上指建筑造型的整个过程及各个方面，包括功能、经济、技术、美学等；狭义上指构成建筑外部形态的美学形式，是被人直观感知的建筑空间的物化形式。建筑造型元素包括建筑入口、墙体、门窗、屋顶、转角、阳台、柱廊等部件。对建筑造型的分析，从整体形象的高度上有低层、多层、中高层、高层和超高层之分。也就是说，有低矮的建筑形象和高大的形象的区别。从总平面的形状来看，有矩形的、圆形的，也有曲线形、U 形、L 形、回字形的等，整体形状不一而足。

2. 建筑的内部形象

建筑的内部形象一般泛指建筑的内部空间及内部的装修布置。一个建筑内部形象的好坏取决于很多方面，包括建筑空间的形式、内部装修、家具布置等。建筑不只是让人们感知的物体，也是人们感知其他物体的舞台。大空间，无论室内或室外，能让人们远距离看人，小空间则促使人们亲近，垂直的空间让人们可以由上向下看人，坡道及楼梯让人们在画面的对角方向移动。建筑是一个可感知的物体，是其他可触、可知实体的舞台，更是人们自己行游的场所，同时也是人们掌握无形信息的媒介。

提到建筑形象就不可避免地提到建筑审美和建筑艺术，建筑艺术主要通过视觉给人以美的享受，这与其他视觉艺术有相似之处。建筑可以像音乐那样唤起人们的某种情感，歌德曾将建筑比喻成“凝固的音乐”。但建筑又不同于其他一般艺术门类，它需要大量的财富和技术条件、大量的劳动力和集体智慧才能体现。建筑的物质表现规模之大，是任何其他艺术门类所难以企及的。宏伟的建筑建成不易，因此其保留时间也相对较长。由于建筑形象常常通过建筑环境的布局、建筑群体的组合、建筑立面的造型、平面布置、空间组织和内外装饰，以及建筑材料所表现出来的色彩、质地、肌理、光影等多方面的处理，形成一种综合的效果，而且往往需要运用诸如绘画、雕刻、工艺美术和园林艺术等其他学科的知识来创造室内外环境，因此可以说整个建筑形象的建造是一项多学科合作的集大成之作。

建筑形象的表现手段主要有空间、几何元素、色彩质感和光影四个方面。其中空间是建筑所特有的，是区别于其他造型艺术的最大特点。和建筑空间相对的是它的实体存在所表现出来的几何元素如点、线、面，这里的点、线、面可以是形成的视觉效果，也可以是具体的构件元素。建筑通过各种实际的材料表现出它们不同的色彩和质感，而且与其他艺术不同的是，这种感觉往往不是单一的感受，而是多种感受的集合，比如触觉和视觉，或是空间感等。建筑的光线和阴影同样能加强其形体的凹凸起伏的感觉，增强其艺术表现力。

第二节　建筑设计的基本知识

一、建筑设计的基本概念

（一）建筑设计的定义

建筑设计是一种有预设的规划活动。建筑设计构思能借助形象的思维将抽象的立意贯穿在具体的设计手法中，是思想建筑化的过程。建筑设计既可能是宏观的观念艺术，也可能是微观的实效创作；既是物质条件限制下功利性选择的结果，又是建筑师意识流的外化彰显。它需要人们根据环境，结合地域差异性因素，确立其功能个性，并以高效、充满智慧的方式服务于使用目的，通过各种形式表达思想，升华情感，鼓励观者积极参与，唤起期许与想象，同时又要将其物化到切实的建筑结构、技术、材料和建构中，是一种保留与突破共生、借鉴与挑战并存的选择性创作。

1. 广义的建筑设计

广义的建筑设计是指设计一个建筑物或一个建筑群所要做的全部工作。建造建筑是一个比较复杂的物质生产过程，它需要多方面配合，一般要经过设计和施工两个步骤。在施工之前，必须对建筑物或建筑群的建造做全面研究，编制合理的方案，编制出一套完整的施工图样，为施工提供依据。广义的建筑设计工作内容通常包括建筑设计、结构设计、设备设计三个部分。

(1) 建筑设计

建筑设计的内容包括建筑内外空间的组合、环境与造型设计，还有细部构造方法的技术设计。建筑设计是建筑工程设计的龙头，它指导着整个工程，并与建筑结构、建筑设备的设计相协调。

(2) 结构设计

结构设计的内容包括结构选型、结构计算、结构布置与构件设计，它必须保证建筑物的绝对安全。

(3) 设备设计

设备设计的内容包括给水、排水、供热、通风、电气（强电、弱电)、燃气等。它是保证建筑正常使用及改善建筑物理环境的重要设计因素。

2. 狭义的建筑设计

狭义的建筑设计包括建筑空间环境的组合设计和建筑构造设计两部分内容。

(1) 建筑空间环境的组合设计

建筑空间环境组合设计的主要内容是通过对建筑空间的限定、塑造和组合，来解决建筑的功能、技术、经济和美观等方面的问题。它的具体内容是通过下列设计来完成的。

①建筑总平面设计

建筑总平面设计是指根据建筑的性质与规模，结合自然条件和环境特点，来确定建筑物或建筑群在基地上的位置和布局，规划基地范围内的绿化、道路和出入口，同时布置其他的总体设施，使建筑总体上满足使用要求和艺术要求。

②建筑平面设计

建筑平面设计是指根据建筑的使用功能要求，结合自然条件、经济条件、技术条件，包括材料、结构、设备、施工等，来确定房间的大小和形状，确定房间与房间之间的、室内与室外空间之间的分隔与联系方式、平面布局，使建筑的平面组合满足实用、经济、美观、流线清晰和组织合理的要求。

③建筑剖面设计

建筑剖面设计是指根据建筑功能和使用方面对立体空间的要求，结合建筑结构和构造特点，来确定房间各部分的高度与空间比例，考虑垂直方向空间的组合和利用，选择适当的剖面形式，进行采光、通风等方面的设计，使建筑立体空间关系符合功能、艺术、技术、经济等方面的要求。

④建筑立面设计

建筑立面设计是指根据建筑的功能和性质，结合材料、结构、周围环境的特点及艺术表现的要求，综合考虑建筑内部的空间形象、外部的体量组合、立面构图，还有材料的质感、色彩的处理等诸多因素，使建筑的形式与功能统一，创造良好的建筑造型，以满足人们对建筑的审美需求。

（2）建筑构造设计

建筑构造设计的主要内容是确定房屋建筑各组成构件的材料与构造方式，其具体设计内容包括对建筑的基础、墙体、楼面、楼梯、屋顶、门窗等构件进行详细的构造设计。值得注意的一点是，在建筑空间环境

的组合设计中，总平面设计及平面、立面、剖面各部分设计是一个综合考虑的过程，并不是相互孤立的设计步骤，而建筑空间环境的组合设计与建筑构造设计，虽然二者具体的设计内容有所不同，但其目的和要求却是一致的，都是为了建造一个实用、经济、坚固、美观的建筑，因此设计时应该将它们综合起来考虑。

（二）建筑设计的依据

1. 自然条件

（1）气候条件

气候条件包括温度、湿度、日照、雨雪、风向、风速等，不同地区的建筑风貌大相径庭，与当地的人文历史有紧密的联系，与所在地区的气候条件也有着千丝万缕的联系。在设计中需因地制宜，如我国北方建筑需考虑长达五六个月的保温需要，以及秋冬季室内日照的需要；岭南建筑中通过设计骑楼来解决南方炎热多雨的气候。

（2）地形、地质条件和抗震等级

我国幅员辽阔，地形地貌特征丰富，建筑设计应遵循的条件也不尽相同，如我国北部平原地区，建筑物的抗震等级通常为七级，但在四川盆地等地震活动较频繁的山区，级别较高的公共建筑抗震等级需要达到八级甚至九级。

2. 环境条件

建筑设计中需考虑建筑周边的环境条件，如基地方位、形状、面积，周围的绿化、风景，原有建筑、管网等。“成功的建筑是像生长在土地上的一样，与周围环境结合得天衣无缝，而不是放之四海而皆准的。”这是建筑设计对地形、地质条件依赖的一种完美诠释，复杂的地形地质条件会给建筑设计提出更大挑战，同时也提出更多的可能性，使建筑设计得更加精彩。

3. 技术要求

建筑设计中材料、结构、设备、施工等方面，应符合国家制定的规范及标准，如防火规范、采光设计标准、住宅设计规范等。

（三）建筑的空间

空间是一种无形的弥漫扩散的质，在任何位置和任何方向上都是等价的，自由和不确定是空间的特质。广义的空间含义不仅指向建筑领域，其他艺术形式也会形成空间感受，如舞者通过舞蹈所控制的领域，音乐产生的声场，甚至文学艺术所带来的想象余地等都属于空间的范畴。[①]

建筑以它所提供的各种空间满足着人们生产或生活的需求。长期以来，人们都把建筑看成人的生活容器，因为建筑为人的生产和生活创造了一定的活动场所——空间。但从宏观角度来看，即从大建筑观来看，宇宙是由天、人、地三者构成的，人在宇宙中是客体也是主体，建筑空间是宇宙空间的一部分，是在宇宙中划分出来的空间。在自然界中，宇宙空间是无限的，但是建筑空间是有限的。因此，建筑师创造任何建筑空间都要慎重地对待宇宙中的另外两个客体——天和地，即自然。因此，要使我们创造的人造环境——建筑和城市与自然结合在一起，建筑师在建构建筑空间时，一定要善待自然。在此前提下，以人为本，构造建筑空间。

1．建筑空间与功能的关系

建筑的功能要求及人在建筑中的活动方式决定着建筑空间的大小、形状、数量及其组织形式。

（1）建筑空间的大小与形状

一栋建筑往往是由若干个房间组成的，每个房间就是基本的使用单元。它的形状、大小要满足使用的基本要求。一般在设计中，建筑师要首先确定空间的平面形状与大小。就平面形状而言，最常用的就是矩形平面，其优点是结构相对简单，易于布置家具或设备，面积利用率高。

此外也有利用圆形、半圆形、三角形、六角形、梯形及一些不规则

① 陈锡宝，杜国城．装配式混凝土建筑概论［M］．上海：上海交通大学出版社，2017．

形状的平面形式，空间的大小则要根据使用人数、家具及人活动行为单元的尺寸来确定，如剧场中观众厅平面的大小和形状是由观众数量、座位排列方式、视线和音质设计要求等诸多因素来综合确定的。

在建筑设计中人们要根据具体情况来采用合理的平面形式及大小。

空间高度方向的形状与高矮尺寸也是确定空间形状的重要方面。空间形状一般多采用矩形空间，但在公共建筑中一些重要空间的设计，如门厅、中庭、观众厅等，确定其剖面形状也是非常重要的设计内容。

(2) 建筑空间的一般分类方式

如何把每个单一空间组织起来，成为一幢完整的建筑，其重要依据就是人在建筑中的活动规律要求。在建筑设计中，为了方便设计分析思考问题，我们常常有着不同的考虑前提，空间的分类随前提条件不同，分类的结果也有所不同。

①从便于组织空间的角度上考虑

第一，使用空间与交通空间，如办公楼中，大厅、过厅、走廊、楼电梯间等均为交通空间，要求路线便捷、人流通畅、疏散及时。办公室为使用空间，要求安静稳定，而且能合理布置办公家具等。

第二，主导性空间与从属性空间，如影剧院中的观众厅为主导空间，而休息厅、门厅等为从属性空间。从属空间应根据与主导空间的关系而围绕主导空间适当布置。

②从便于功能分区的角度上考虑

第一，公共性空间与私密性空间，如旅馆建筑中，大堂、商店、餐厅、中庭、娱乐用房等为公共空间，客房为私密性空间。这些不同性质的空间应适当分开，公共活动空间应交通方便，便于寻找，而私密区应比较隐蔽，避免大量的人流穿行。

第二，洁净性空间与污染性空间。如食堂厨房的熟食备餐间和副食初加工间；旅馆之中的餐厅与卫生间；医院的手术室和医疗垃圾处理间等。

第三，安静性空间与吵闹性空间，如办公楼的办公区和空调设备间；文化馆的文学创作室与戏曲排练厅；体育馆之中的广播电视转播室和比赛大厅等。

（3）常见的几种功能空间排列方式

①并列关系方式

该方式中各空间的功能相同或近似，彼此在使用时没有依存关系，如办公楼、宿舍楼、教学楼等。

②序列关系方式

此方式中各空间在使用过程中，有明确的先后顺序，以便合理地组织人流，使人们有序地活动，如候车楼、展览馆等。

③主从关系方式

此类方式中各空间在功能上既有相互依存又有明显的隶属关系，如图书馆的流通大厅与各阅览室、书库的关系。

④综合关系方式

大多数建筑常是以某种形式为主，同时又兼有其他形式存在，如住宅楼中各单元为并列关系，而各单元内部则表现为以起居室为中心的主从关系。

在建筑设计中根据功能需要组织空间是必要的，但在满足功能条件下，采用不同的结构形式及空间处理的手法，仍可表现出不同的建筑形象和性格。

2. 建筑空间与结构的关系

建筑的功能要求是多种多样的。不同的功能要求都需要有相应的结构方法来提供与功能相适应的空间形式，如房间小且变化小，就可以采用砖混结构体系。

为适应灵活分隔空间的需要，建筑可以采用框架承重的结构体系。为求得巨大的室内空间，则必须采用大跨度结构。

建筑的空间与建筑的功能、结构、形象都是密切相关的。此外，在建筑艺术性方面也有多种空间处理的手法。

3. 空间分割

整体空间的分割同时代表了个体空间的围合程度，通常有绝对分割、局部分割、弹性分割、虚拟分割等。

(1) 绝对分割

分割不等于分离，分离意味着游离出局，但分割还存在联系。绝对分割的空间自主与独立性很好，也忠于私密性，但欠缺与外界交流的途径。事实上，真正意义的全封闭是不存在的，只是空间内部与外部关联的渠道局限在门窗等洞口罢了。

(2) 局部分割与弹性分割

局部分割与弹性分割因阻隔方式的开放性和可变性给空间方式带来很大的自由度。受工业设计的启发，很多建筑空间采用移轨、铰接、感应等机制，使隔断要素能够根据环境气候、使用功能、造型需要等随意推拉、滑移、翻转，增加了空间交流的模式和弹性。

(3) 虚拟分割

一般实体界面是不能穿越的，但是虚拟分割既能透视，又能穿越。它利用要素突变，使人在主观体验过程中产生视觉意象，心理也同时在邻接、转折或边缘处做一个虚拟界面的“标记”。它以台阶、色彩、材质、照明、激光、影像等作分割手段，但没有持久的实物阻挡。

4. 空间关联

通常只包含单一空间形式的建筑物寥寥无几，大量建筑都由多个相对独立的空间彼此联系、组合成连贯整体。选择不同空间组合方式首先是基于功能群组分化，同时这也是与形式互为约束迁就妥协的结果，它能带来不同的空间序列与节奏情绪，引起不同外部形态及拥有独一无二的建筑意义。

(1) 套叠

套叠是指空间之间的母子包含关系，即在大空间中套有一个或多个小空间。之所以为“母子”，是因为二者有明显尺度和形态差异，大空间作为整体背景，同时对场面有控制性力度。当然，小空间也有彰显个性的需要，如果其骨骼方向与大空间相异，那么两组网格之间就会产生富有动势的“剩余空间”。有的里层子空间原型会发生突变，从形状到尺度都与外层母空间冲突，造成势均力敌的冲突，给人以反常乖戾的印象。

（2）穿插

穿插是指各个空间彼此介入对方，空间体系中的重叠部分既可为二者同等共有，成为过渡与衔接之处，也可被其中之一占有吞并，从另一空间中分离出来。原有空间经组合后，其界限在穿插处模糊了，但仍具有完形倾向。

（3）邻接

邻接是指各个空间因在使用时顺序连续或活动性质近似等因素，需要将它们就近相切联系。邻接空间的关联程度取决于衔接界面的形式——既可是肯定、封闭的实体即“一墙之隔”，也可是利于相互渗透的半封闭手段。

（4）过渡转接

过渡转接是指分离的个体空间依靠公共领域来建立联系，在此实现功能变化、方向转换、心理过渡等目的。其实，并非所有空间都意义分明，除了担负着一种或多种用途的区域之外，还有一些“意义不明”的过渡转接空间，它们类似于语言中承上启下的文字。

除此之外，过渡空间具备更多“不完全形”的特质，就像禅宗美学，留有余地，依靠想象来完善它，才实现了其价值所在。建筑学中的“完形”力求寻找简单、规则的构图组织，而“不完全形”则通过对“完形”的特征省略、界限模糊和图形重构来逆向思辨，一些建筑理论家称之为“无形之形”；空间的过渡转接，就是以自组织和交互渗透的形态，使线性、封闭的区域获得对外交流的途径。

（四）建筑与环境

建筑的主要目的就是以其所形成的各种室内外空间，为人们的不同活动提供多种多样的场所环境。因而，人、建筑、环境是不可分割的整体。这里谈到的环境包括建筑围合的内部空间环境、建筑所处的外围空间环境和自然环境。如在一个不大的天井内，人工与自然、室内与室外充分融合就营造出一个充满生机的生活空间。①

建筑环境所包含的内容是多方面的，在建筑设计中要具体问题具体分析，从人的生产、生活要求出发，从整体环境着手，统筹考虑问题，才能做到建筑、人、环境的和谐统一。尤其是在科学技术飞速发展，人口急剧膨胀的今天，自然环境的人为破坏已经给人类敲响了警钟。因此，建筑环境要走生态、可持续发展之路，将人对自然环境的影响降到最小，既满足当代人的需要，又不对子孙后代构成危害。

二、建筑设计的特点与原则

（一）建筑设计的特点

建筑设计就是根据建筑物的使用性质、所处环境和相应标准，运用物质技术手段和建筑美学原理，创造功能合理、舒适优美、满足人们物质和精神生活需要的室内外空间环境。设计构思时，建筑师不仅需要运用物质技术手段，即各类装饰材料和设施设备等，还需要遵循建筑美学原理，综合考虑使用功能、结构施工、材料设备、造价标准等多种因素，如从建筑师的角度来分析建筑设计的方法，主要有以下几点。

1. 立意

设计的立意至关重要。可以说，一项设计没有立意就等于没有“灵魂”，设计的难度也往往在于要有一个好的构思。一个较为成熟的构思，往往需要设计有足够的信息量，有商讨和思考的时间，在设计前期和出方案的过程中使立意逐步明确。

2. 内外与整体协调统一

建筑室内外空间环境需要与建筑整体的性质、标准、风格及室外环境协调统一，它们之间有着相互依存的密切关系，因而设计时需要从里到外、从外到里多次反复协调，使其更趋于完善合理。

---

① 陈鑫. 传统建筑装饰语境下的现代室内设计研究［M］. 昆明：云南人民出版社，2018.

3．对象的推敲

建筑设计中各种矛盾的解决方法与设计意图，最后都将表现为图纸上的具体形象，比如一个小学校的设计，教室的长宽形状是否合用，与走廊的联系是否方便，结构布置是否合理，乃至楼梯布置、门窗大小等，所有这些问题在解决时都离不开人们对具体形象的研究。建筑设计不仅是逻辑推理的过程，更重要的是形象的推敲过程。

4．外围知识的积累

建筑设计和人们的社会生活息息相关，广泛的知识面会对建筑设计有很大的帮助。建筑师要注意观察周围的生活，留意它们和建筑的关系，这样可以学习到许多对建筑设计有益的知识。建筑艺术修养需要长期积累和大量的感性认识作为基础。它与其他艺术有许多互通的规律，在学习中多涉猎各种艺术形式，对提高建筑艺术素养是十分有益的。

（二）建筑设计的基本原则

建筑设计是一项政策性和综合性较强、涉及面广的创作活动，其成果不仅能体现当时的科学技术水平、社会经济水平、地方特点、文化传统和历史影响，还必然受到当时有关建筑方针政策制约。建筑设计除应执行国家有关工程建设的方针政策外，还应遵循下列基本原则。

1．坚决贯彻国家的有关方针政策，遵守有关的法律法规、规范和条例。

2．遵守当地城市规划部门制定的城市规划实施条例。建筑设计必须服从城市规划的总体安排，充分考虑城市规划对建筑群体和个体的基本要求，使建筑成为城市的有机组成部分，城市规划的要求具体来讲有规划部门指定用地红线、建筑密度、容积率和绿化率等。

3．考虑建筑的功能和使用要求，创造良好的空间环境，以满足人们生产、生活和文化等各种活动的需要。

4．建筑设计的标准化应与多样化结合。在建筑构配件标准化和单元设计标准化的前提下，应注意建筑空间组合、形体和立面处理的多样化。建筑不仅应具备时代特征，还应具有个性。

5. 考虑建筑的内外形式，创造良好的建筑形象，以满足人们的审美要求。

6. 建筑环境应综合考虑防火、抗震、防空和防洪等安全功能与设施。在设计时必须遵照相应建筑规范和建筑标准，采取必要的安全措施，以确保人民的生命财产安全。

7. 体现对残疾人、老年人的关怀，为他们的生活、工作和社会活动提供无障碍的室内外环境。

8. 考虑材料、结构与设备布置的可能性与合理性，妥善解决建筑功能和艺术要求与技术之间的矛盾。

9. 考虑经济条件，创造良好的经济效益、社会效益、环境效益和环保效益。考虑施工技术问题，为施工创造有利条件，并促进建筑工业化。

10. 在国家或地方公布的各级历史文化名城、历史文化保护区、文物保护单位和风景名胜区实施的各项建设，应按国家或地方制定的有关条例和保护规划进行，注意不破坏原有环境，使新建筑物与环境协调。

第二章　现代建筑设计的构思、流程与方法

第一节　建筑设计的构思

一、建筑设计的构思方法

构思是一种原始、概括性的思想构架，是人对设计条件分析后的心灵反馈及试图将其转变为设计策略的过程。很多入门者在做方案时，往往感到无从下手，在被问及“想法”时也无以应答。在这种情形下，即使已经获得平面或造型，也会因偶发成分过重而缺乏根基，经不起推敲。灵感不是毫无根据的，建筑师首先需要明确具体任务要求，深入进行项目分析，发现、确定亟待解决的各方面问题，逐步接近关键与核心问题，再着力构想应对方法。构思是借助形象思维将抽象立意贯穿实施的重要步骤，是思想“建筑化”的过程，其中考虑的因素较为具体，从环境到建筑本体、从空间到形态、从概念到可实施性等多条线索都应同时考虑，互动整合。

（一）环境法

对场地环境的地形地貌、地段位置、气候、资源等特征进行分析，可以成为构思的起点。我国传统民居中有很多与自然默契交融的生存居住经验。地处丘陵地带的湘西民居采用底层部分架空吊脚楼形式，既避免了虫蛇侵袭和潮湿的地气，又能顺应坡地地形。在新疆吐鲁番市，当地居民利用“坎儿井”地下水网系统将天山积雪融化后的水源引入干旱地区，并采用高出屋顶好几米的透空格栅棚架覆盖院落，夏季既能遮阳

蔽日，冬季又能挡风，这种特殊的建造方式主要是人们出于对干热气候环境的适应需要。

事实上，乡土建筑多奉行经验主义，它与当地自然环境和人文气质都极为和谐，因而成为很多建筑师推崇的美学对象与设计策略。

周边现存建筑状况对拟设计建筑物有很大影响，新老建筑关系向来是有着争议且操作难度较高的实践活动。新建筑在建造之后势必要在相当长的一段周期内加入整体环境中成为其中的一员，并产生影响，这就需要建筑采用合理的语言来阐释相互间的关系。

（二）功能法

功能是建筑物的基本要素，一方面，满足功能要求是方案设计的主要着眼点和目标之一；另一方面，可以通过建筑物形态设计来突破传统的思维定式，赋予功能新的意义。功能法是从业主倾向及功能要求出发，分析空间分隔形式，确定设计主导走向。

建筑设计的功能布置通常体现在平面构思上，可借鉴合理的分区配置模式。建筑平面本质上是对建筑功能进行图示表达，同时又是对空间内外形态、结构整体体系等诸多设计要素进行暗示。平面功能设计受到多方面因素影响，如人的生理与心理差异性、人的行为复杂性及人的需要多样性等，都会造成平面功能的不同。这里将平面构思作为设计突破口，创造出新颖的环境建筑设计方案，要求设计师在解决平面功能的常规设计基础上，从创造独特平面形式的立意出发积极展开构思工作，通常有以下几个着手点。

1. 以功能演变为目的的平面构思

在环境建筑物设计中，满足平面功能要求是建筑设计的基本目标之一。功能问题实质上是反映人的一种生活方式，不同建筑类型的功能要求反映着人的不同生活秩序与行为。随着社会经济发展、科技进步，人们的生活方式也随之改变，因此在建筑设计时，满足功能要求是基本，而通过平面构思去创造一种新的生活模式才是高的境界。例如，中国现代城市住宅平面形制随着人们生活水平的提高与功能需求的改变，而发生了一系列变化。

2. 从流线的特殊性进行的平面构思

流线处理是平面设计中对功能布局的科学组织和对人的生活秩序的合理安排。尽管各类建筑的流线形式有简有繁，但都必须符合各自的流线设计原则。设计者在遵守流线设计原则的基础上，开创了另一种流线处理的新思路，获得了与众不同的新方案。

（三）思想法

思想法发乎感性，止于理念。建筑构思不是空乏游离的逻辑思辨，也不是设计说明中浅尝辄止、断章取义的文字游戏，更不是无端的情绪宣泄或简单地模拟具象事物形态及无谓象征。建筑既是物质条件限制下功利性选择的结果，又是建筑师意识流的外化显示。因此，同一建筑师在不同时空情境下设计的作品形象既独一无二，又相互关联，将这些共性特征放大去观察，人们就会发现它们差不多来自同源的“生成编码”，其编码特质属于建筑师个体的概念和手法。正是不同的“DNA 源”，造就了建筑师作品的个性差异和明显的可辨别性表征。

概念不能凭空捏造，哲学美学背景是立意的基础，历史文化与思想情感是建筑编码的培养基础。

除了在哲学文化基础上的“写意”构思之外，受具象形态感染而生的“写形”也可能成为触发灵感的机制。

值得注意的是，“写形”的“写”，意味着抽象在先，而不是单纯去模仿。它虽源于具象形态的启示，却应概括出高于形态的特征。过于真实的场景空间只会使观者被动地将其一比一还原为初始参照对象，毫无想象余地可言，这种造型手法并不高明。

（四）技术法

技术因素在设计构思中也占有重要的地位，尤其是建筑结构因素。因为技术知识对形成设计理念至关重要，它可以作为技术支撑系统，帮助建筑师表达设计理念，甚至能激发建筑师的灵感，成为方案构思的出发点。一旦结构的形式成为建筑造型的重点时，结构的概念就超出了它本身，建筑师就有了塑造结构的机会。

所谓的结构构思，就是对建筑支撑体系，即“骨架”的思考过程，使其与建筑功能、建筑经济和建筑艺术等诸方面的要求紧密结合起来。从结构形式的选择引导出设计理念，充分表现其技术特征，从而充分发挥结构形式与材料本身的美学价值。在近代建筑史中不少著名的建筑师都利用技术因素（建筑结构、建筑设备等）进行构思，而创作出了许多不朽的作品。

任何建筑都无法凌驾于结构限制之上，有的甚至反而首先受到结构掌控。除了结构技术，建筑师还需考虑材料，构造技术及声、光和电等建筑物理技术。技术法从构思阶段就充分考虑结构等技术因素的方案从逻辑上显示出较高的可实施程度。

二、建筑设计的构思过程

要想建立建筑的立意和构思，就要敢想。立意是目标，构思是实现立意的过程、展开，表达技巧是实现建筑立意、构思的手段。建筑设计是创造人居建筑空间的过程，要体现人的物质要素和精神要素。一切的创作活动，都要符合人类的建筑艺术美学规律、建筑技术规范要求，坚持为人类服务。

实现建筑立意与构思，要有良好的建筑设计立意和构思途径与方法，要综合运用建筑的内在特征、建筑美学规律及建筑技术等，要将感性思维、理性思维向图示思维，即设计图形转换。

良好的建筑立意和构思离不开建筑表达，建筑师要有良好的设计表达技法，来实现从 2D 向 3D 空间的转换。图形是建筑的语言，绘图是建筑师进行交流的语言，建筑设计立意和构思的手段与技巧就是要综合运用图形语言，这是建筑师的基本功。建筑师不但要学习计算机辅助设计，而且还要加强对自身手绘、模型制作能力的培养，提高空间造型能力、艺术审美能力和建筑艺术素养。为此，建筑师要多绘制建筑速写，积累建筑立意、构思源泉。①

建筑设计最终服务于人，要“以人为本”，要满足人的物质和精神的双重需求。建筑师要研究人的行为活动与生活需求，结合各类建筑特点、空间环境及地域文化等，有效解决建筑与环境、建筑造型与功能、建筑内部与外部空间、建筑与结构和设备、建筑与技术、建筑与经济、建筑与法规等的关系。跟踪建筑新科技，做到人性化设计，创作出符合时代精神特征与继承传统文化的有机建筑。

学习建筑设计构思表达，要经历一个循序渐进的过程，这个过程可分为以下几个阶段。

第一，从分析、模仿开始。初学者要学会分析、模仿，模仿优秀建筑作品，感受建筑，分析优秀建筑作品，培养兴趣，陶冶情操，这是学习建筑设计的入门阶段。

第二，在模仿的过程中，学习者对建筑设计需要保持执着与坚持的态度。面对浮躁社会要稳重，树立建筑理想、目标，并能脚踏实地，潜心求索，不懈模仿，不断探寻，这是建筑设计的积累过程。在这一阶段，学习者要勇于实践，不怕挫折，努力提升自己的审美观念。

第三，在坚持模仿过程中，学习者提升了建筑观念，在提升建筑观念的同时，要努力发现和寻找自己的个性，要建立符合自我个性的设计理想、设计方法，从而实现建筑设计完美的个性创造。这是建筑设计由量变到质变的过程，是超越与腾飞的过程，是建筑设计走向成熟的过程。在这一阶段，人们要建立建筑观念、建筑立意及建筑构思，并能不断总结，从而掌握设计方法和表达技巧，能够独立完成学习任务，从而进行建筑创作。

---

① 郭莉梅，牟杨，李沁媛．建筑装饰设计［M］．北京：中国轻工业出版社，2016.

三、建筑设计的创意来源

在建筑创作中，设计思维贯穿建筑师创作的全过程，看不见、摸不着，但形成了设计思考点，连成设计思索线，进而形成完善的设计方案核心和关键。因此，整个建筑创作过程的设计思维，也可以说是设计中的思考或思考着的设计——建筑创意。

建筑创意的核心是设计思维的反复深化与表达过程。设计思维的思考点（创意点）、思索线（设计思路）是建筑创意的关键，也是影响整个建筑创作成功与否的重要因素。建筑创意的表现形式体现为一个思维过程，拥有过程性、表达性双重特征。建筑创作中的每一次进展表达，人们都可以将其看作是设计思维外化为建筑创意的结果。建筑创意的最终目标是综合各种因素（功能、技术、审美、地域、人文、生态等），通过不断反复地思考与表达，形成表达完美的设计方案，最终体现建筑的价值。因此，建筑创意是一个复杂的，综合各种因素而不断思考的，理性与感性思维、逻辑思维与形象思维循环往复的过程。

创意不是凭空而来，而是积累后的顿悟；我们需要经历多次“理性—感性—理性”的反复之后，才能锤炼出优秀的方案。具体而言，创意的来源包括以下几个方面。

（一）异质同化与同质异化

1. 异质同化

所谓异质同化，就是变陌生为熟悉，将新的系统归纳、沉淀到人们所熟知的系统中。任何方案设计都不是真正从零开始、从无到有，而是以熟悉的空间尺度为参考原型，根据人对生活模式和建筑模式的固有理解，从新的层面、新的路径不断进行的改良提升。异质同化利于聚合思维，将复杂问题简单化、基础化。这就要求建筑师要研读大量的设计案例，让专业视角沉淀到潜意识中，在发散的头绪中理出基本线索。

随着建筑师设计经验不断积累，社会学、哲学、历史、音乐、语言学、诗歌等各方面知识的贯通融会，都可能成为理解和构思建筑的“点金石”，建筑师也因此具备了自己的思想理论与哲学气质。哲学与美学在建筑领域内的异质同化，已经成为让建筑更加内在化的精神推动。

2. 同质异化

所谓同质异化，就是变熟悉为陌生，破除思维定式和稳态，举一反三，不要将人们熟知的规律变为迂腐和毫无生气的累赘，要善于联想、转化、变换。比如提及空间，很多人容易采用在平面图上“拔高”产生立体的做法，事实上空间并不一定只是“方形”，界面不一定全部封闭，墙、顶、地也不一定就是水平面和铅垂面以正交模式交接。简洁几何形也并不意味着形态单调。标高变化、错层设置、空间渗透，最终可以创造出多元语境。只有兼顾异质同化与同质异化原则，才能引导思维在发散与聚合、横向与纵向之间跳跃转换，让设计者具备日臻成熟的个性化专业素养。

（二）类比与移植

在建筑设计中，类比与移植的创造性技能就是借助不同建筑类型或其他事物，深入细致地比较其相似与相异之处，直接或间接进行联想想象、移花接木、转换改型等。

人类总是依靠憧憬为动力不断进步和迈向未来。我国在两千多年前就曾削冰块制成聚焦透镜以太阳能点火，在汉代就发明了用金铜合金制成的反射聚焦凹镜“阳燧”集热器。当代建筑又从向日葵的生物智能得到启发，发明了可以跟踪阳光方向的日光捕捉器，并在建筑底部安装旋转平台使其整体转动，以主动充分利用太阳能。对环境和自然科学的关注，使一些建筑师从遗传学和神经机械学等角度模拟设计智能生长建筑物，其根部演变为地基，细胞膜与表皮如同墙壁等围护结构，毛孔则与建筑中的门窗功能类似，建筑外观及内部家具都能像生物一样被定制栽培，运用显微技术和分子基因工程，这种类植物体的建筑生长由感应敏锐地向性所引导，通过动力装置、光纤传感和其他组件对环境和结构应力做出反应，“智慧型”材料及成熟的电脑程序可以使建筑成为极为活跃的人造物。理论上讲，与之相关领域的专门化研究每一次进步，都将使这种构想更接近真实。由此可见，建筑设计采用类比与移植，引入非常规思考角度，将其他学科结构、知识特征与思考方法进行概括性迁移并植入本学科领域，这些都可能产生另类的创意构想。

（三）整合与重建

所谓整合就是将不同对象进行信息、原理、技法等多方面的解析、重组与创新。这当然要求建筑师具有开阔的视野和一定深度的知识层面，除了专业学习，建筑师还应拓展兴趣、集思广益。事实上，设计主题切入点的随意性很高，手段也很多，人们可根据各自不同的兴趣寻找相关资源，利用网络、影像，甚至是电脑游戏等来补充传统调研的局限性，最终锁定契合目标。在多领域边沿融合的趋势下，整合不仅可以是设计素材的梳理与组织，也可以是设计技巧和手法的变通。

事实上，整合并不意味着盲目模仿或多样堆砌，“舶来”与“玄想”都不可取，而正是一点一滴的“破”与“立”重构了艺术创作。建筑师首先要在纷繁复杂的思潮与手法中不迷失立场，扬长避短，然后再结合地域差异性因素，确立建筑功能个性，汲取传统文化的同时也切中时代需求，以整合后的“语言”来建构新“模式”。

事实上，我国已经有一批建筑师正以切实的设计实践对中国建筑何去何从的问题进行解答。一部分先锋设计师融合多种艺术形式，力求从大艺术的哲学美学层面上“体验”建筑。他们在对西方前卫建筑观念、方法与中国因素比较的过程中进行选择性创作，保留与突破共生，借鉴与挑战并存，加快了当代建筑思潮的本土化进程。

（四）逆向思考

逆向思考是极端发散思维的结果，指有意寻找矛盾对立面、颠倒主客体关系、克服思维流程单一性、突破观念壁垒的否定式创作方法。美国精神病理学家 A. 卢森堡曾借古罗马一种哭笑脸两面可以相互转化的门神来类比思维概念，因此在创造学领域，逆向思考又被称为“两面神思维”。在设计时，次要的、被动的、隐性的因素如果被重新挖掘考量，加以强化，使其成为显性要素，很可能会使整个体系发生质的改变。初学者常希望“一条道到底”，但在方案进展中，往往会“南墙横亘”或“道路分岔”，此时我们应该退后环顾，大胆质疑，设置不同层次的假设和反问，将思考的关键方向调换。

第二节　建筑设计的流程

在建造建筑之前，应事先做好设计，经过规定的审批程序和设计阶段，最后交付施工单位施工。建筑工程设计与施工的过程，是依法依规和按照规定程序进行的过程。

建筑工程设计主要由建筑工种负责建筑的使用功能、建筑内部空间、建筑的文化性与艺术性方面等；结构工种主要负责建筑的承力和传力体系，保证建筑的牢固；设备工种负责给排水、供暖通风、电气照明和燃气供应等，主要保障建筑内部具备优良的物理环境和生活生产条件。各工种还共同对建筑的艺术性、适用性、安全性、经济性、建筑以及环境的质量等负责。

建筑设计的过程由若干重要环节和设计阶段组成，分别是接受任务、调查研究、方案设计、初步设计、施工图设计和现场配合施工等。

一、接受任务阶段和调查研究

（一）接受任务

接受任务阶段的主要工作是与业主接触，充分了解业主的要求，接受设计招标书（或设计委托书）及签署有关合同；了解设计要求和任务；从业主处获得项目立项批准文号、地形测绘图、用地红线、规划红线及建筑控制线以及书面的设计要求等设计依据，并做好现场踏勘，收集到较全面的第一手资料。

（二）调查研究

调查研究是设计之前较重要的准备工作，包括对设计条件的调研，与艺术创作有关的采风，以及与建筑文化内涵相关的田野调查等，也包括对同类建筑设计的调研。

1. 设计条件调查

（1）场地的地理位置，场地大小，场地的地形、地貌、地物和地质，周边环境条件与交通，城市的基础设施建设等。

（2）市政设施，包括水源位置和水压、电源位置和负荷能力、燃气和暖气供应条件、场地上空的高压线、地下的市政管网等。

（3）气候条件，如降雨量、降雪、日照、无霜期、气温、风向、风压等。

（4）水文条件，包括地下水位、地表水位的情况。

（5）地质情况，如溶洞、地下人防工程、滑坡、泥石流、地陷以及下面岩石或地基的承载力等情况，还有该地的地震烈度和地震设防要求等。

（6）采光通风情况。

2. 采风

大多数门类的艺术在创作之初，艺术家都会进行采风，从生活当中为艺术创作收集素材，并获取创意和灵感。例如，贝聿铭在接受中国政府委托进行北京香山饭店的设计之初，就游历了苏州、杭州、扬州、无锡等城市，参观了各地有名的园林和庭院，收集了大量的第一手资料，经过加工和提炼后，融入其设计作品之中，使得中国本土的建筑艺术和文化在香山饭店这样的当代建筑中，重新焕发出炫目的光彩。

3. 田野调查

田野调查（田野考察）是民俗学或民族文化研究的术语，建筑的田野调查是将传统建筑作为一项民俗事项，全方位地进行考察，其特点是不仅只考察建筑本身，还应了解当地传统、使用者和风俗等与建筑的相互关系。在当代建筑设计中，讲求建筑的“文脉”也成为建筑师们的共识。

建筑的田野调查，就是把地方的、民族的传统建筑作为物质文化遗产进行研究，从中汲取营养，以便在创作中传承和发扬优秀民族文化遗产和地方特色。因为文化艺术作品越是民族的，就越是世界的。

（三）现场踏勘

现场踏勘是实地考察场地环境条件，依据地形测绘图，对场地的地形、地貌和地物进行核实和修正，以使设计能够切合实际。因为地形图往往是若干年前测绘的，而且能提供的信息有限，设计不能仅凭测绘图作业，所以必须进行现场踏勘。

1. 地形测绘图

现在建筑工程设计都使用电子版的地形测绘图，1个单位代表1m，我国的坐标体系是2000年国家大地坐标系。很多城市为减小变形偏差，还有自己的体系，称为城市坐标体系。与数学坐标和计算机中CAD（Computer Aided Design，计算机辅助设计）界面的坐标（数学坐标）不同，其垂直坐标是X，横坐标是Y，在图纸上给建筑定位时，应将计算机中CAD界面的坐标值转换成测绘图的坐标体系，就是将X和Y的数值互换。

2. 地形、地貌和地物

地形是指地表形态，可以绘制在地形图上。地貌不仅包括地形，还包括其形成的原因，如喀斯特地貌、丹霞地貌等。地物是地面上各种有形物（如山川、森林、建筑物等）和无形物（如省、县界等）的总称，泛指地球表面上相对固定的物体。地形和地物大多以图例的方式反映在测绘图上。

3. 高程

各测绘图上的高程（即海拔）是统一的，如未说明，在我国都是以

青岛黄海的平均海平面作为零点起算。

4. 风向频率图

风向频率图也称风玫瑰图，是以极坐标形式表示不同方向的风，在一个时间段（例如 1 年）出现的频率。它将风向分为 8 个或 16 个方向，按各方向风出现的频率标出数值并闭合成折线图形，中心圆圈内的数字代表静风的频率。极坐标的数值与风的大小无关，仅表示调查时出现的频率，风的方向在图上是向心的。

二、立意与构思、设计概念的提取

（一）立意与构思的关系

既然是一种艺术创作，那么在建筑设计之初就有一个立意与构思的过程。建筑设计构想是建筑的个性、思想性产生的初始条件，建筑设计构想又要通过立意、构思和表达技巧等来实现，因此，建筑设计构想是一个由感性设计到理性设计的过程。[①]

立意，也称为意匠，是对建筑师设计意图的总概括，是对这座未来建成的建筑的基本想法，是构想的起始点，也就是建筑师在设计的初始阶段所引发的构想。立意，是作者创作意图的体现，是创作的灵魂。构思，是建筑设计师对创作对象确定立意后，围绕立意进行积极的、科学地发挥想象力的过程，是表达立意的手段与方法。

（二）当代建筑的立意特征

1. 抽象化

建筑的功能性和技术性决定了建筑不像其他造型艺术那样“以形寓意”，把塑造形体当作唯一的创作目的，它同时要对形体所产生的空间负责，而且从使用的角度看空间更重要一些。所以，建筑本身具有的审

① 郝永刚，黄世岩，韩蓉．现代建筑设计及其进展［M］．上海：上海交通大学出版社，2020.

美观念与雕塑相比，要抽象和含蓄得多。

建筑是通过自身的要素，如建筑的材料、结构形式和构造技术以及建筑的空间和体量、光影与色彩等，反映建筑师的个人气质与风格，反映社会和文化的发展状况的。

2. 个性化特征

当代建筑的立意是个性化的。从需求层面而言，随着经济和生活水平的提高，人们不满足于大众化的程式化的设计感，要求作品体现出独特的构思和立意。从创作层面而言，构思是很主观化的，创作者的知识结构、情感、理念、意念等个人因素对构思起着主要作用。建筑的立意是建筑师的人生观、价值观、文化和专业素养的体现。设计作品的个性化取决于设计者个人的设计哲学和专业经历。

3. 多元化特征

“建筑是社会艺术的形式”，建筑作品反映了社会生活的各个方面。不同时代，建筑的立意和形式也不同。当代社会是一个开放的多元化的社会，多民族文化共存且互相影响、互相融合，多种学科之间互相交叉与合作，各种学术流派和观念等也多种多样，因此，当代建筑的立意具有多元化的特征。

（三）当代建筑立意的构思类型

当代建筑立意的内容和题材广泛，一般大型建筑设计立意和构思的主要目的，是尝试塑造建筑的撼动人心的精神感召力和艺术感染力。当代建筑立意的构思类型可归纳为以下几种方向。

1. 由结构和技术的革新产生的立意

一种新的结构形式与技术措施会相应带来新的建筑理念和形式，由建筑的结构和技术的革新会产生新的立意。20 世纪初的工业革命不仅带来了新结构、新技术和新材料，也带来了新的建筑形式——现代建筑。建筑结构和技术手段作为生产力的表现，是推动建筑发展的决定性力量。

2. 从文脉场所精神入手

某一区域地理、气候条件的不同，会导致社会经济、文化习俗的差异，即文脉；场所精神是指建筑周围的环境氛围和历史沿革。建筑离不开它所处的场所的精神和文脉。

3. 从建筑与自然环境的关系入手

如何将建筑融于自然，如何有效地利用自然资源和节约能源，在建筑立意中已屡见不鲜。

4. 从建筑与城市的对话入手

城市是建筑的聚集地，建筑会对城市空间和景观产生影响。

5. 从形式的内在逻辑入手

以抽象的形式和逻辑作为建筑的主要立意，具有一定的实验性。

三、概念性方案设计阶段

（一）概念性方案设计的含义

概念性方案设计主要适用于项目设计的初期，是侧重于创意性和方向性，主要向政府或甲方直观地阐述方案的特点和发展方向，以便于进一步具体实施的过程性文件，常用于国内外各种建筑和规划项目的投标上，因此，在深度上的要求相对较为宽松。

对于概念方案设计的成果文件，目前行业和国家并没有相关的官方文件对深度和内容进行明确的规定，在执行上有一定灵活性，主要应当结合政府报批要求及公司内部要求，采用多样化的表现手法。为充分展示设计意图、特征和创新之处，可以有分析图草图、总平面及单体建筑图、透视图，还可根据项目需要增加模型、电脑动画、幻灯片等。

（二）成果要求

1. 列出设计依据性文件、基础资料及任务书要求

（1）设计依据性文件：相关的国家标准、行业标准、地方条例和规定等。

（2）基础资料及要求：业主提供的文件资料，包括项目的背景、地形测绘图（红线）、设计要求（设计任务书，应注明项目的功能定位和规模要求等）。

2. 总平面设计说明

概述场地本身的现状特点和建设情况，阐述总平面的构思特点，分别从功能布局、交通组织、环境设计、竖向设计及建筑总体与周边环境的关系等方面介绍总平面的设计策略。

（1）功能布局：梳理建筑的几大功能分区及其相对应的位置关系。

（2）交通组织：人流和车流的分别组织，车行道和车库出入口的设置，明确主要的出入口及其竖向交通的位置，设计不同使用人群在空间内部的交通路线。

（3）环境设计：场地整体的景观设计策略，主要的景观轴线和节点的设置。

（4）竖向设计：对原有地形的处理，地形的挖方和填方等。

3. 建筑设计说明

（1）从建筑层面介绍方案的设计构思和功能、流线、空间等层面的处理手法。

（2）说明使用功能布局、交通流线及出入口安全疏散，以及建筑单体、群体的空间构成特点。

（3）当采用新材料、新技术时，应说明相关性能。

4. 区位分析图

（1）描述项目用地的地理位置。

（2）分析周边资源分布（景观资源、文化资源、教育资源、商业资源等），进行城市规划、分区规划解读。

（3）地块现状分析，包括现状功能、现存建筑和构筑物、场地高差等。

5. 总平面图

（1）场地内及四邻环境的反映。

（2）用地红线及建筑控制线应表达清楚。

（3）场地内拟建道路、停车场、广场、地下车库出入口、消防登高面、消防车道、绿地及建筑物的位置，并表示出主要建筑物与用地界线（或道路红线、建筑红线）及相邻建筑物之间的距离。

（4）拟建主要建筑物的名称、出入口位置、层数与设计标高，以及主要道路、广场的控制标高。

（5）指北针或风玫瑰图、比例、图例、经济技术指标。

6. 分析图

（1）交通分析：车行、人行道路系统、小区出入口分析。

（2）车库及停车分析：地上、地下停车分析，车库出入口设置。

（3）景观分析：景观规划理念、意向节点分析。

（4）消防分析：消防通道、登高面分析。

（5）日照分析：日照分析图，并附计算方式及当地日照要求。

7. 建筑效果图和建筑模型

（1）建筑效果图必须准确地反映建筑设计内容及环境，不得制作虚假效果误导评审。

（2）建筑模型必须准确按要求比例制作，如实反映建筑设计内容及周边环境状况。

四、方案设计阶段

建筑设计阶段包括方案设计、初步设计和施工图设计三个阶段。方案设计阶段主要是提出建造的设想；初步设计阶段主要是解决技术可行性问题，规模较大、技术含量较高的项目都要进行这个阶段设计；施工图设计阶段主要是提供施工建造的依据。

方案设计阶段是整个建筑设计过程中重要的初始阶段，方案设计阶段以建筑工种为主，其他工种为辅。建筑工种以各种图纸来表达设计思想为主，文字说明为辅，而其他工种主要借助文字说明来阐述设计。建筑方案设计阶段主要解决建筑与城市规划、与场地环境的关系，明确建筑的使用功能要求，进行建筑的艺术创作和文化特色打造等，为后续设计工作奠定好的基础。

（一）方案设计的依据

1. 业主提供的文件资料

业主提供的文件资料是重要的设计依据之一，包括项目立项批准文件、设计要求（体现在设计任务书、设计委托书、设计合同等文件中）、地形测绘图（含红线）等。

2. 有关的国家标准、行业标准、地方条例和规定等

设计依据可以理解为在法庭上能够作为证据的资料。在建筑的设计和建设过程中，难免出现意外事件、质量问题、责任事故和经济纠纷等，为分清利益方各自的责任和义务，这些文件相当重要。从这点上说，一些教材和设计参考资料等不能算作设计依据。

（二）设计指导思想

设计指导思想是整个设计与建造过程中遵循或努力实现的设计理念，例如环保、节能和生态可持续发展等；也包括一些不能忽视和回避的设计原则，如安全、牢固、经济、技术和设计理念的先进等，常被用作控制设计和建造质量的准则。

（三）设计成果

设计成果体现在设计的优点、特点和技术经济指标方面，见之于设计说明之中，也体现在各种设计图和表现图上。任何艺术作品都具备唯一性，有着与众不同的艺术特点，这是大型项目方案说明中会特别强调的内容。技术指标是指照度、室内混响和耐火极限这一类的技术参数；

经济指标主要体现在有关用地指标和建筑面积及其分配等方面，这些指标都能反映设计的质量。

方案设计阶段的图纸文件，有设计说明、建筑总平面图、平面图、立面图、剖面图和设计效果图等。

1. 方案设计说明

方案设计说明包括方案设计总说明、总平面设计说明、建筑设计说明和其他各工种设计说明。

（1）方案设计总说明

①与工程设计有关的依据性文件的名称和文号，如用地红线图、政府有关主管部门对立项报告的批文、业主的设计任务书等。

②设计所执行的主要法规和所采用的主要标准（包括标准的名称、编号、年号和版本号）。

③设计基础资料，如气象、地形地貌、水文地质、地震基本烈度、区域位置等。

④简述政府有关主管部门对项目设计的要求。

⑤简述业主委托设计的内容和范围，包括功能项目和设备设施的配套情况。

⑥工程规模（如总建筑面积、总投资、容纳人数等）、项目设计规模等级和设计标准（包括结构的设计使用年限、建筑防火类别、耐火等级、装修标准等）。

⑦主要技术经济指标，如总用地面积、总建筑面积及各分项建筑面积、建筑基底总面积、绿地总面积、容积率、建筑密度、绿地率、停车泊位数，以及主要建筑的层数、层高和总高度等指标。技术指标能够反映设计质量的优劣，如抗震等级、防火等级、安全疏散等有关指标；经济指标能反映资源利用方面的合理与否，如与用地面积和建筑面积有关的各项指标。二者通常合在一起表述，统称为“技术经济指标”。

（2）总平面设计说明

①概述场地现状特点和周边环境情况及地质地貌特征，阐述总体方案的构思意图和布局特点，以及在竖向设计、交通组织、防火设计、景

观绿化、环境保护等方面所采取的具体措施。

②说明关于一次规划、分期建设，以及原有建筑和古树名木保留、利用、改造（改建）的总体设想。

（3）建筑设计说明

①建筑方案的设计构思和特点。

②建筑群体和单体的空间处理、平面和竖向构成、立面造型和环境营造、环境分析（如日照、通风、采光）等。

③建筑的功能布局和各种出入口、垂直交通运输设施（如楼梯、电梯、自动扶梯）的布置。

④建筑内部交通组织、防火和安全疏散设计。

⑤关于无障碍和智能化设计方面的简要说明。

⑥当建筑在声学、建筑防护、电磁波屏蔽等方面有特殊要求时，应做相应说明。

⑦建筑节能设计说明，含设计依据、项目所在地的气候分区、建筑节能设计概述及围护结构节能措施等。

（4）其他各工种设计说明

其他还有结构设计说明、给水排水设计说明、采暖通风与空气调节设计说明、热能动力设计说明、投资估算说明等，由其他专业人员编写后编入方案设计说明。

2. 方案设计图纸的构成、图纸深度和表达

（1）总平面设计应该表述的内容

①场地的区域位置。

②场地的范围（用地和建筑物各角点的坐标或定位尺寸）和地形测绘图。

③场地内及四邻环境的详尽介绍。

④场地内拟建道路、停车场、广场、绿地及建筑物的布置，并表示出主要建筑物与各类控制线（用地红线、道路红线、建筑控制线等）、相邻建筑物之间的距离、建筑物总尺寸，以及基地出入口与城市道路交叉口之间的距离。

⑤拟建主要建筑物的名称、出入口位置、层数、建筑高度、设计标高，以及地形复杂时主要道路和广场的控制标高。

⑥绘图比例、指北针或风玫瑰图，建筑总平面图中的比例一般是1∶500～1∶1000。

⑦根据需要绘制下列反映方案特性的分析图：功能分区、空间组合及景观分析、交通分析（人流及车流的组织、停车场的布置及停车泊位数量等）、消防分析、地形分析、绿地布置、日照分析、分期建设等。

(2) 方案平面图应表述的内容。

①平面的总尺寸、开间、进深尺寸及结构受力体系中的柱网、承重墙位置和尺寸（也可用比例尺表示）。

②各主要使用房间的名称。

③各楼层地面标高、屋面标高。

④室内停车库的停车位和行车线路。

⑤底层平面图应标明剖切线位置和编号，并应标示指北针。

⑥必要时应绘制主要用房的放大平面和室内布置。

⑦图纸名称、比例或比例尺。

(3) 方案立面图应表述的内容

①为体现建筑造型的特点，选择绘制一两个有代表性的立面。

②各主要部位和最高点的标高或主体建筑的总高度。

③当与相邻建筑（或原有建筑）有直接关系时，应绘制相邻或原有建筑的局部立面图。

④图纸名称、比例或比例尺。

方案的立面图应该表现建筑立面上所有内容的投影，应采用不同粗细的实线来区别内容的主次，乃至前后空间关系，最后加上配景。主要线型有4～5个等级，由粗到细分别为地平线、建筑外轮廓线、局部轮廓线、实物的投影线，最后是分格线。由于线条的特点是越粗越显得突出，因此较重要的或空间距离较近的物体，会用较粗的线条来描述，这个原理也应用于平面图、剖面图和总平面图。[①]

（4）方案剖面图应表述的内容

①剖面应剖在高度和层数不同、空间关系比较复杂的部位。

②各层标高及室外地面标高，建筑的总高度。

③若遇有高度控制时，还应标明最高点的标高。

④剖面编号、比例或比例尺。

五、初步设计阶段和施工图设计阶段

（一）初步设计阶段

建筑规模较大、技术含量较高或较重要的建筑，应进行初步设计，以实现技术的可行性，并以此缩短设计和施工的整个周期。初步设计作为方案设计和施工图之间的过渡，用于技术论证和各专业的设计协调，其成果也可作为业主采购招标的依据，而且便于业主与设计方或不同设计工种在深入设计时的配合。

（二）施工图设计阶段

1. 建筑工程全套施工图有关文件

（1）合同要求所涉及的包括建筑专业在内的所有专业的设计图纸，含图纸目录、说明和必要的设备、材料表以及图纸总封面；对于涉及建筑节能设计的专业，其设计说明应有建筑节能设计的专项内容。

（2）合同要求的工程预算书。对于方案设计后直接进入施工图设计的项目，若合同未要求编制工程预算书，施工图设计文件应包括工程预算书。

（3）各专业计算书。计算书不属于必须交付的设计文件，但应按相关条款要求编制并归档保存。

---

① 郝占国，苏晓明．多元视角下建筑设计理论研究［M］．北京：北京工业大学出版社，2019.

2. 建筑工程施工图的作用

全套建筑工程施工图是由包括建筑专业施工图在内的各专业工种的施工图组成的，是工程建造和造价预算的依据。

3. 建筑专业施工图

建筑专业施工图应交代清楚以下内容，使得负责施工的单位和人员能够照图施工而无疑义。

第一，施工的对象和范围：交代清楚拟建的建筑物的大小、数量、位置和场地处理等。

第二，施工对象从整体到各个细节，从场地到整个建筑直至各个重要细节的以下内容：施工对象的形状，施工对象的大小，施工对象的空间位置，建造和制作所用的材料，材料与构件的制作、安装固定和连接方法，对建造质量的要求。

要交代清楚以上内容，主要是以图纸为主，文字为辅。设计说明主要用于系统地阐述设计和施工要点，以弥补设计图纸表达的不足。

（1）建筑专业施工图的构成

建筑专业施工图的图纸部分由总平面图、基本图和大样图组成，其叙述设计思想和对施工要求等内容的过程，是由宏观到微观，从整体到细节，从总平面到建筑物，再到各个细部的做法的过程，这也是施工图编绘和装订的顺序。

（2）建筑专业施工图的图纸文件

建筑专业施工图（简称建施图）的图纸文件应包括图纸目录、设计说明、设计图纸。其中，建筑施工图设计说明的主要内容包括。

①依据性文件名称和文号及设计合同等。

②项目概况。内容一般应包括建筑名称、建设地点、建设单位、建筑面积、建筑基底面积、项目设计规模等级、设计使用年限、建筑层数和建筑高度、建筑防火分类和耐火等级、人防工程类别和防护等级，人

防建筑面积、屋面防水等级、地下室防水等级、主要结构类型、抗震设防烈度等，以及能反映建筑规模的主要技术经济指标，如住宅的套型和套数、旅馆的客房间数和床位数、医院的门诊人次和住院部的床位数、车库的停车泊位数等。

③设计标高。应表明工程的相对标高与总图绝对标高的关系。

④用料说明和室内外装修。墙体、墙身防潮层、地下室防水、屋面、外墙面、勒脚、散水、台阶、坡道、油漆、涂料等处的材料和做法，可用文字说明或部分文字说明、部分直接在图上引注的方式表达，其中应包括节能材料的说明，另外还包括室内装修部分说明。

⑤对采用新技术、新材料的做法说明及对特殊建筑造型和必要的建筑构造的说明。

⑥门窗表及门窗性能（防火、隔声、防护、抗风压、保温、气密性、水密性等）、用料、颜色、玻璃、五金件等的设计要求。

⑦幕墙工程及特殊屋面工程（金属、玻璃、膜结构等）的性能及制作要求（节能、防火、安全、隔声构造等）。

⑧电梯（自动扶梯）选择及性能说明（功能、载重量、速度、停站数、提升高度等）。

⑨建筑防火设计说明。

⑩无障碍设计说明。

⑪建筑节能设计说明。包括设计依据，项目所在地的气候分区及围护结构的热工性能限值，建筑的节能设计概况，围护结构的屋面、外墙、外窗、架空或外挑楼板、分户墙和户间楼板等构造组成和节能技术措施，外窗和透明幕墙的气密性等级，建筑体形系数计算，窗墙面积比（包括天窗屋面比）计算和围护结构热工性能计算（确定设计值）。

⑫根据工程需要采取的安全防范和防盗要求及措施，以及隔声、减振减噪、防污染和防射线等的要求和措施。

⑬需要专业公司进行深化设计的部分。对分包单位应明确设计要求，确定技术接口的深度。

⑭其他需要说明的问题。

(3) 建施图总平面布置图的主要内容

①保留的地形和地物。

②测量坐标网、坐标值。

③场地范围的测量坐标（或定位尺寸）、道路红线、建筑控制线、用地红线等的位置。

④场地四邻原有及规划的道路、绿化带等的位置（主要坐标或定位尺寸），以及主要建筑物和构筑物及地下建筑物等的位置、名称、层数。

⑤建筑物、构筑物（人防工程、地下车库、油库、贮水池等隐蔽工程以虚线表示）的名称或编号、层数、定位（坐标或相互关系尺寸）。

⑥广场、停车场、运动场地、道路、围墙、无障碍设施、排水沟、挡土墙、护坡等的定位（坐标或相互关系尺寸）。如有消防车道和扑救场地的，需注明。

⑦指北针或风玫瑰图。

⑧建筑物、构筑物使用编号时，应列出建筑物和构筑物名称编号表。

⑨注明尺寸单位、比例、坐标及高程系统（如为场地建筑坐标网时，应注明与测量坐标网的相互关系）、补充图例等。

建施图总平面布置图的设计和表达深度，比例一般为1∶500。施工图总平面中的设计标高均以海拔为主，称为绝对标高，以区别于平面、立面和剖面图中由设计师确定的、以底层室内地坪为零点的相对标高。[①]

(4) 建施图各平面图的主要内容

①承重墙、柱及其定位轴线和轴线编号，内外门窗位置、编号及定位尺寸，门的开启方向，注明房间名称或编号，库房（储藏）注明储存物品的火灾危险性类别。

① 洪涛，储金龙. 建筑概论［M］. 武汉：武汉大学出版社，2019.

②轴线总尺寸（或外包总尺寸）、轴线间尺寸（柱距、跨度）、门窗洞口尺寸、分段尺寸。

③墙身厚度（包括承重墙和非承重墙），柱与壁柱截面尺寸（必要时）及其与轴线关系尺寸。当围护结构为幕墙时，应标明幕墙与主体结构的定位关系；玻璃幕墙部分应标注立面分隔间距的中心尺寸。

④主要结构和建筑构造部件的位置、尺寸和做法索引，如中庭、天窗、地沟、地坑、重要设备或设备机座的位置尺寸、各种平台、夹层、人孔、阳台、雨棚、台阶、坡道、散水、明沟等。

⑤楼地面预留孔洞和通气管道、管线竖井、烟囱、垃圾道等位置、尺寸和做法索引，以及墙体（主要为填充墙、承重砌体墙）预留洞的位置、尺寸与标高或高度等。

⑥车库的停车位（无障碍车位）和通行路线。

⑦特殊工艺要求的土建配合尺寸等。

⑧室外地面标高、底层地面标高、各楼层标高、地下室各层标高。

⑨底层平面标注剖切线位置、编号及指北针。

⑩有关平面节点详图或详图索引号。

⑪每层建筑平面中防火分区面积和防火分区分隔位置及安全出口位置示意（宜单独成图，如为一个防火分区，可不标注防火分区面积），或以示意图（简图）形式在各层平面中表示。

⑫住宅平面图中标注各房间使用面积、阳台面积。

⑬屋面平面应有女儿墙、檐口、天沟、坡度、坡向、雨水口、屋脊（分水线）、变形缝、楼梯间、水箱间、电梯机房、天窗挡风板、屋面上人孔、检修梯、室外消防楼梯及其他构筑物的必要的详图索引号、标高等；表述内容单一的屋面可缩小比例绘制。

⑭根据工程性质及复杂程度，必要时可选择绘制局部放大平面图。

⑮当建筑平面较长、较大时，可分区绘制，但必须在各分区平面图适当位置上绘出分区组合示意图，并明显表示本分区部位编号。

⑯图纸名称、比例。

(5)建施图的立面图

①两端轴线编号。立面转折较复杂时可用展开立面表示，但应准确注明转角处的轴线编号。

②立面外轮廓及主要结构和建筑构造部件的位置，如女儿墙顶、檐口、柱、变形缝、室外楼梯和垂直爬梯、室外空调机隔板、外遮阳构件、阳台、栏杆，台阶、坡道、花台等。

③建筑的总高度、楼层位置辅助线、楼层数和标高以及关键控制标高的标注，如女儿墙或檐口标高等。外墙的留洞应标注尺寸与标高或高度尺寸（宽×高×深及定位关系尺寸）。

④平面图、剖面图未能表示出来的屋顶、檐口、女儿墙，窗台以及其他装饰构件、线脚等的标高或尺寸。

⑤在平面图上表达不清的窗编号。

⑥各部分装饰用料名称或代号，剖面图上无法表达的构造节点详图索引。

⑦图纸名称、比例。

⑧各个方向的立面应绘齐全，但差异小、左右对称的立面或部分不难推定的立面可从简；内部院落或看不到的局部立面，可在相关剖面图上表示，若剖面图未能表示完全，则需单独绘出。

(6)建施图的剖面图

①剖视位置应选在层高不同、层数不同、内外部空间比较复杂、具有代表性的部位。建筑空间局部不同处以及平面、立面均表达不清的部位，可绘制局部剖面图。

②墙、柱、轴线和轴线编号。

③剖切到或可见的主要结构和建筑构造部件，如室外地面、底层地（楼）面、地坑、地沟、各层楼板、夹层、平台、吊顶、屋架、屋顶、山屋顶烟囱、天窗、挡风板、檐口、女儿墙、爬梯、门、窗，外遮阳构件、楼梯、台阶、坡道、散水、平台，阳台等内容。

④高度尺寸。外部尺寸：门、窗、洞口高度、层间高度、室内外高

差、女儿墙高度、阳台栏杆高度、总高度；内部尺寸：地坑（沟）深度、隔断、内窗、洞口、平台、吊顶等。

⑤标高。包括主要结构和建筑构造部件的标高，如室内地面、楼面（含地下室）、平台、雨棚、吊顶、屋面板、屋面檐口、女儿墙顶、高出屋面的建筑物、构筑物及其他屋面特殊构件等的标高，以及室外地面标高。

⑥节点构造详图索引号。

⑦图纸名称、比例。

（7）建施图的大样图

施工大样图分为三个层次，即局部大样、节点大样和构件大样。

①局部大样，是将建筑的一个较复杂的局部完整地提取出来进行放大绘制，以便于能够更详细地阐明施工做法、要求和标注众多的细部尺寸等。这些局部通常是卫生间、楼梯间、电梯井和机房、宾馆的客房、酒楼的雅间等部位。局部大样的绘制比例一般为1∶50，由基本图索引出来进行放大。

②节点大样（构造大样），是关键部位的放大图，在这些部位汇集了较多的材料、细部做法要求和尺寸，必须放大才能交代完善。节点大样一般是从基本图或局部大样图索引出来的，比例为1∶10～1∶20。

③构件大样，一般是用以描绘连接构件的和其他小型构件，如预埋铁件等。因为构件本身尺度小，因此绘图比例为1∶1～1∶10，甚至会出现图比实物大的情况，如N∶1的绘图比例。构件大样一般由节点大样索引出来。

4. 其他专业工种的施工图

建筑结构施工图和建筑设备安装的施工图等，由其他相关专业人员完成，与建筑施工图共同组成建筑工程施工图，作为建筑施工建造的依据。

（三）施工现场服务

施工现场服务是指勘察、设计单位按照国家、地方有关法律法规和设计合同约定，为工程建设施工现场提供的与勘察设计有关的技术交底、地基验槽、处理现场勘察设计更改事宜、处理现场质量安全事故、参加工程验收（包括隐蔽工程验收）等工作。施工现场服务是勘察设计工作的重要组成部分，其主要内容包括。

1. 技术交底

技术交底也称图纸会审，工程开工前，设计单位应当参加建设单位组织的设计技术交底，结合项目特点和施工单位提交的问题，说明设计意图，解释设计文件，答复相关问题，对涉及工程质量安全的重点部位和环节的标注进行说明。技术交底会形成一份《图纸会审纪要》，它是施工图纸文件的重要组成部分。

2. 地基验槽

地基验槽是由建设单位组织建设单位、勘察单位、设计单位、施工单位、监理单位的项目负责人或技术质量负责人共同进行的检查验收，评估地基是否满足设计和相关规范的要求。

3. 现场更改处理

（1）设计更改。若设计文件不能满足有关法律法规、技术标准、合同要求，或者建设单位因工程建设需要提出更改要求，应当由设计单位出具设计修改文件。

（2）技术核定。对施工单位因故提出的技术核定单内容进行校核，由项目负责人或专业负责人进行审批并签字，加盖设计单位技术专用章。

4. 工程验收

设计单位相关人员应当按照规定参加工程质量验收。参加工程验收的人员应当查看现场，必要时查阅相关施工记录，并依据工程监理对现场落实设计要求情况的结论性意见，提出设计单位的验收意见。

第三节　建筑设计的手段与方法

一、建筑设计的手段

建筑设计的手段随着科学技术发展也在不断变化和完善。建筑设计表达手段的基本条件是能及时和准确地表达建筑方案构思内容，方便提供给下一个阶段有关图纸资料，有利于建筑方案构思不断完善直至建筑方案成熟，能与业主和其他专业人员进行沟通等。建筑方案构思与设计表达手段可归纳为以下几种。

（一）手绘草图

1. 徒手草图

徒手草图通常是通过半透明的草图纸（包括硫酸纸和图画纸等）来表达方案构思内容，所使用的绘图工具很广，包括铅笔、碳笔、钢笔、马克笔、油画棒和毛笔等。绘画时可以黑白的单线勾勒，有时为表现立体感还会辅以色彩。其绘画工具选择、表现形式和画面大小等，可根据建筑师自身特长和喜爱、工程项目规模大小与不同设计阶段等具体情况而定。

2. 仪器草图

仪器草图是徒手草图的延续，让创意内容更真实和可靠，但又不丢失徒手草图基本特征。一般选用各种硬头笔作为绘图工具，图纸也可使用半透明和不透明纸张。

（二）计算机绘制草图

随着计算机硬件和软件不断发展，相关计算机绘图软件不断升级和改进，计算机绘图技术正在朝着更为快速、简便和人性化方向发展，但其与方案构思原创阶段表达立意主题所显露的随意性、激情性、瞬时性和及时性尚有一定距离，因此在建筑方案构思设计原创阶段采用徒手草图表达较为适宜，进入调整阶段及成熟阶段可采用计算机绘图手段。

选择计算机绘制建筑动画形式，可以使建筑方案构思与设计表达的手段更为准确、全面和真实，使人产生身临其境的效果，有利于与业主、业外人士沟通。但由于制作复杂、时间长和投入大，一般比较复杂而规模大的工程项目在成熟阶段和成果表达阶段才采用建筑动画形式。

（三）建筑模型

一般在工程项目地形复杂、规模较大和有不同方案构思与设计阶段可采用建筑模型表达手段。建筑模型材料包括橡皮泥、聚塑板、硬纸板、薄木板、有机玻璃板等。其表达手段具有很好的立体感、空间感、尺度感和真实感等特点。建筑模型材料应根据不同建筑方案构思与设计阶段要求和特征进行恰当选择，如在原创阶段可采用橡皮泥，调整阶段可采用聚塑板或硬纸板，成熟阶段可采用有机玻璃板或薄木板，这样才能达到预想效果。

二、建筑设计的方法

（一）平面布局

建筑平面图一般指从上俯瞰建筑物或水平剖切后朝下的水平正投影图，通常指各层平面及屋顶平面图。

任何建筑都有其建设的用地，任何建筑都不可能脱离环境而存在。在进行建筑设计表达时，建筑师都必须绘制建筑总平面图，以表达建筑环境。平面设计图可以使人们充分体会建筑与环境的关系，了解建筑师的创作意图和构思脉络。

建筑所处的环境可分为自然环境和城市人工环境。表达自然环境要着眼于建筑与自然环境的有机联系，自然环境表达往往大而丰富，体现出建筑与自然的和谐共生。对于城市人工环境，设计重点是表述建筑与道路、广场、绿化等人工设施的关系，新老建筑间的有机联系，还有建筑群体组合关系。在表达自然环境时，要有机组合建筑、山、水等要素，有的需要保持原样；有的需要整合改造，以衬托建筑；有的要借助地形、地貌的不规则形状表达地面起伏、曲回，以活跃画面构图气氛，实现建筑与环境的完整统一。要实现建筑与环境的完整统一，应充分运用色彩渲染，通过色彩的颜色变化、饱和度变化、明暗变化，表达地面、水体、绿化、树木、建筑、阴影等要素，使画面艺术而有立体感。

在满足设计深度内容基础上，平面图要关注图面表达的艺术性，着眼建筑室内外环境空间与使用功能表达。表达一层平面图，要涵盖外部环境，要充分重视一层平面在画面构图中的决定性作用，完美表达平面环境能为画面增色。平面表达不仅停留在房间划分、结构体系表述、门窗设置，而且也要关注室内家具陈设、室外庭院空间，还有与室外空间关联的山体、水体、绿化、树木、广场、铺地、小品等要素。平面表达要突出建筑主体内容，线条要有粗细，建筑主体轮廓要加粗，而环境要素往往要用细线给予弱化。平面各部分功能也经常涂以不同的颜色，以提高平面的艺术表现力。平面表达内容，要符合建筑统一的比例、尺度，体现建筑与人的和谐美。

行业内提倡图解思考的方法，用方框图或泡泡图来梳理思维，也就是变个案特殊性为惯常模式，将繁复的表象和活动特征同化、归类。在《建筑设计资料集》中我们可以看到每类建筑都以特定的功能分析图式来反映其共性，然而功能模型或方框图并不是平面图，它只为建筑师提供了功能区块的主次亲疏关系，而具体的平面配置还有待在问题中确定。设计一个平面，就是明确和固定某些想法。平面图一般应该明示或暗示四个方面的信息：一是功能分区；二是流线组织；三是空间形态；四是造型意象。但是这四者之间不只存在某种唯一的对应关联方式，也就是说同样的功能区划关系可能有不同的流线组织方式，同样的平面图也可能生成多种形态的空间与立体。[①]

---

① 胡发仲．室内设计方法与表现［M］．成都：西南交通大学出版社，2019．

1. 考虑建筑环境与用地要素

建筑场地中的地形地貌，周边建筑群体的方位尺度，人行、车行道路等都是影响总平面布局的要素。深化时建筑师应重新审视已有平面配置能否兼顾场地因素，要考虑以下几方面内容。

(1) 考虑对不规则地形的顺应关系。

(2) 如果是分散布局，其占用与围合生成的“负形”环境空间应完整。

(3) 主要出入口与人流车流道路应联系便捷，导向关系应自然。

(4) 优化主要功能的空间朝向。

(5) 没有自然采光和通风的“黑房间”。

只有有针对性地解决好这类问题，才能进一步调整平面配置。

2. 考虑建筑体量与空间构成

不断推敲体量穿插与空间构成关系，能反过来促进平面调整。例如，采用几何形体“相加”主导造型，建筑师需及时对已经生成的平面进行检查，检查单体之间咬合得是否合适。采用坡屋顶造型，建筑师则要简单绘制出可能产生的屋顶平面图，还有空间交接关系示意透视图，检验两坡、四坡、歇山等坡屋顶能否按照设想意图合理搭接，是否出现衔接不上、形体怪异或者不利排水等弊病。

3. 细化研究区域及各个要素

建筑的每个区域及要素都需要细化研究，任何小改变都可能引发建筑格局变动。例如，门窗洞口的平面位置及形式不仅直接影响空间围合程度，同时还影响到内部家具的布局形式及采光、通风与景观要素。在组织交通时，应检查平面中是否有房间套穿；尽端走道能否归属于某一房间而扩大使用面积等。在推敲建筑入口时，应检查室内外是否有标高差异，以避免雨水进入；平台、踏步等宽窄是否合宜；是否考虑无障碍坡道等。因此，这也是一个逐步合理化、可实施程度越来越高的过程。

4. 控制及核准建筑面积

平面基本格局一旦确定，就应该进一步根据建筑部位与层高按照规范计算核准面积。建筑面积包括使用面积辅助面积及结构面积，一般指建筑物外墙勒脚以上的外围水平面积，多层则为各层面积之总和。

5. 考虑介入结构与设备因素

造价经济、结构难度低及便于施工等是优化可行的建筑方案首要考虑的因素。对于大多数几何直线形态建筑，当建筑师已经按照任务书核准了平面各区域面积时，如果房间大小不一、形式各异的话，就要尽量采用一套“骨骼”，以对原有平面形进行调整，将其纳入规律化、均匀化的结构体系当中。原有不在结构网格轴线上的承重墙体、立柱需重新对位，使建筑具备模数化的开间与进深。另外，为了保证给排水与排污的合理便捷，卫生间应尽量上下对齐，厨房不应位于卫生间正下方。

（二）剖面设计

剖面图是指建筑被与之相交的铅垂面剖切开后的垂直正投影图。有些建筑师在方案深化推敲中，认为剖面图太抽象，没有必要，也没有能力对其进行分析，只在最终环节程式化地选取纵横两个方向剖切空间，并反映在成果图纸中就草率了事。事实上，从草图阶段开始的剖面研究，或能启发构思，或能控制空间形式与尺度的发展，或能检验结构、构造与细部的合理性，是设计进程中不可或缺的平衡码之一。

建筑师在满足设计深度内容的基础上，要关注图面表达的艺术性，剖面图着眼建筑室内外环境空间相互联系的表达，体现出空间的分隔、交流，空间的高低，空间的序列等要素。

剖面的位置选择，要体现出建筑空间的人流展开序列，宜选择建筑入口、建筑楼梯、建筑厅室转换、建筑空间变化等处。建筑师在进行剖面的设计和绘制时，应认真研究内部空间的组织和处理，并进行充分表达。

表述剖面时，要充分体现建筑空间的结构美，如完整表述建筑钢结构、框架结构及承重墙等。表述剖面时，可以表达室内装修、陈设，以求得画面的艺术性，完善设计构思。在剖面图中，剖断线要给予强调，明确空间的范围与周界。

为提高剖面功能空间的尺度感和流动性，建筑师经常绘制剖面透视图以提高艺术表现力。剖面透视图使各功能空间关系一目了然，通过室内陈设、室外环境配置增强了空间的尺度感，这种表现形式令人耳目一新。

1. 推动整体构思

很多大师的设计构思草图，除了有直接透视意象之外，还有粗犷不羁、富有弹性的剖面示意，它们恰到好处地揭示出项目面对的主要矛盾及建筑师巧妙的解决办法。对于坡地建筑，剖面分析不仅能提供形体顺应坡度跌落的思路，以减少土方开挖量，而且还可以利用高差，巧妙安排不同主次出入口，做到人车分流，甚至能启发新异的空间构想。对于以垂直方向空间变换作为突破口的设计，往往需要在剖面上花更多心思研究，如部分地下空间、共享中庭、空中花园、过街骑楼及错层夹层空间的设置，只有通过剖面标高配合形态探求，才能找出解释空间的最佳词语。

2. 确立空间纵向形象

剖面分析是触及建筑内部的重要步骤，直接显现出了空间界面的纵向形象。

通过剖面，人们还能对各个空间长、宽、高比例有明确认知，进而确立建筑层高、各空间高差、楼梯级数、坡道坡度及入口、屋顶女儿墙等构件高度。由此可见，剖面也是传达纵向尺度感受的载体。

3. 检查结构构造

随着图纸的深化与比例的放大，很多问题将会逐步暴露，如果建筑师不适时进行剖面推敲，可能会错失纠正的良机。因为在剖面图中，立柱与梁、墙体与楼板之间是直接“碰撞”，能直观提示设计的结构构造是否合理。剖面设计反映出建筑师对空间、结构常识的掌握程度。除此之外，建筑师可利用剖面对建筑物理要求较高的环境进行直观分析。利用剖面图来分析诸如日照间距、采光遮阳、风向引导、隔音构造等问题，也更容易找到解决途径。

（三）立面造型

建筑立面图主要反映建筑物的比例尺度、界面形态、材料铺设与色彩关系，还有门窗、雨棚、遮阳等构件细节。立面图是对造型组合深化加工的结果，但并非完全被动地体现，之所以要在体量构成之后再更仔细研究立面，这是因为面也具有相对自主的特征。

立面造型在满足设计深度内容基础上，要关注立面图面表达的艺术性，因此要表达建筑以下几个方面的特征：第一，表达建筑的凸凹层次变化，展现建筑的界面和层次；第二，表达建筑的光影变幻，展现建筑的体积；第三，表达建筑的虚实变化，体现建筑的主次关系，使画面有重点；第四，表达建筑饰面的色彩与质感，使建筑生动、形象、逼真；第五，表达建筑总体与各部分之间的清晰建筑轮廓，重点部位要给予加粗强调；第六，要表述建筑的环境要素，如天空、绿化树木、人物、车辆、小品等，丰富建筑画面，体现建筑与环境的联系。有时为表达建筑水面环境，建筑师经常绘制水面倒影以表达水面波光，增强建筑的灵动性；有时将地面绘制成透视效果，以增强建筑的景深感，丰富建筑画面。

1. 考虑比例与尺度

（1）比例

如果将音乐视为几何学的声音化，建筑则是将数学转化为空间单位的艺术。比例这一概念通常分为两类，一类基于数比，另一类缘于感性，可以准确把握。

基于严格数字关系的比例：这类比例是指局部与局部、局部与整体，或某一个体与另一个体之间的数值、数量或程度上的“数的和谐”关系。最常见的连续比例数列是算术数列（等差数列）和几何数列（等比数列）。建筑师将这种数字比例关系运用到空间或立面上，总结出了一些兼具美感和理性关系的图形划分与组合定式。他们利用等量或和谐数列关系来推导平面、确定立面体量及门窗洞口的高宽比例，找出等同或相似关系，绘制出规律控制线，这是建筑用以增强其数理逻辑的思路与先导因素之一，但它并非处理立面所恪守的机械“处方”。

可准确把握的比例：并非所有具备良好视觉感受的比例都基于严密的数字关系，人们更不能寄希望于它能带来近乎神秘的绝对完美。更多时候建筑师还是以准确把握比例感觉为主，将各部分配置出均衡的形式美感。

（2）尺度

与比例一样，尺度也是数量之间的比较衡量关系，但比例强调数的和谐的绝对性，而尺度则偏重量化的相对感受。在形状、大小都相同的两个建筑立面图上，如果画有不同尺寸、不同行数的窗洞，建筑师很容易根据窗洞行数来直观判断建筑层数，并进一步推断建筑总高。由此可见，参照单元不同，就可能引起完全不同的尺度判别。在很多建筑立面上，既可找到与人体相匹配的一套尺度体系，同时还可读出关乎整个城市的另一套尺度。如高大的雨棚之下还设计了尺度宜人的入口与细致的门扇，既兼顾建筑整体性，又考虑到与人近距离接触贴和部位的亲和力与使用便捷性；又如在建筑外部楼梯栏板扶手处理上，为了不使立面显得太过纤细，就需刻意扩大尺度或采用厚重材料来强调块面感。

根据尺度大小可将尺度分为亲密尺度、一般尺度、纪念性尺度、巨大尺度。前二者可满足普通社交需要；后二者则指远远超出普通视知觉观察范围，甚至如同浩渺苍穹般的距离感。具有亲切感的体量、要素及纹样，其尺度在人的心理空间中具有确定范式。如果改变比例或等比例地放大、缩小，都会产生非同寻常的感受。例如，纪念性建筑中超高、广阔的空间与人的关系就疏远陌生，这样才有利于显示其主观性的震撼力量。

建筑空间为人使用，人自然成为建筑空间的基本标尺，即人体为建筑空间提供了最为基本的尺度参照。即便不同个体的人的身体尺寸存在差异，建筑师依然可以依据一个大致的标准去度量空间尺度是否合理。柯布西耶在对建筑空间尺度进行研究的时候，便以一个虚拟的“尺度人”为依据。“尺度人”进行一系列动作所体现出的身体形态及相应尺寸，成为建筑师重要的设计依据。例如，公共楼梯的梯段宽度应满足两个人对向行走的宽度要求，则设计时可以估算其最小净宽度应为两个人的肩宽，至少为1．1m；厨房灶台的高度一般为0．75m左右，人们切菜、烹调都会感觉比较舒适，这与人们站立时身体略微前倾的人体尺寸数据有关。以“尺度人”为参照，建筑师可以获取最为紧凑的建筑空间尺寸，然而这一尺寸未必是舒适或安全的，“尺度人”或者说人体尺度的意义在于它为建筑师提供了一个基础数值。

建筑的使用者往往不局限于单个人，也许是一个家庭或是为公众服务，在考虑空间尺度的时候建筑师需要分析使用者的数量、频率和性质，并以人体尺度为计算基础来获取恰当的空间尺度。在建筑空间中，很多空间的尺度并非直接由人的身体来决定的，但其目的都是为了满足特定功能的要求。

对空间尺度产生影响的因素不仅仅是人体的几何尺寸，在明确的实用性需求以外，具体空间尺度还与人的心理需求有关。一般而言，较为接近人体尺度的空间比较亲切，更大的空间尺度则显得公共、正式。面对亲切的家人、熟悉的同事或是陌生人，人们会对自己和他人之间的距离加以调节，这种距离调节是普遍且无意识的。建筑空间则要为这种调节提供可能，于是空间尺度往往较为紧凑的空间需求（人体尺度）被有所放大，以满足人们的心理需求，即符合“礼仪”的人和人之间的空间距离。

2．考虑变化与统一

在建筑设计中，立面变化是必然的，因为功能、空间和造型的复杂性及多重要素的复合叠加、协调兼顾，最终生成的体量组合本身已经存在方向、形状曲直上的对比，再加上立面虚实凹凸、光影材质、门窗细节等各方面的不同，必定会造就充满变化的立面。问题在于人们如何将这些变化的要素统一在同一建筑中而不至于因为凌乱繁复的特征伤害建筑的完整性，造成可供视线捕捉和心理描述的整体参数缺失。统一并不意味着整齐划一，也不排斥建筑对趣味性的追求，基于变化基础上的统一，其目的是为建立一种动态秩序感。

（1）变化

①对比变化

对比是一种强烈的突变，即要素之间质、量、性的差距很悬殊，会造成醒目刺激。例如，在旧建筑改造及加建项目中，古典建筑外墙采用厚实的石材铺设、简洁大气，而新建的玻璃墙面与旧有体量直接交接、光洁闪烁，构件细部也精致到位、细腻完美，这种明显的个性反差表明了新旧建筑针对不同时代的不同态度。

②微差变化

微差是一种要素之间的细微变化，它有一定的量化限度，即视觉上能够辨别判断的差别，而不是通过仪器才能测量到的、十分细微的物理变化。与对比的跳跃性特征相比，微差以细腻而有节制的改变带来视觉层次上的自然过渡。利用微差可以有效地补充和矫正视错觉带来的局限性。一组要素有规律的渐变是一种特殊的微差。当要素达到足够数量，就会因相同特征的重复而带来秩序美感。例如，法国建筑工作室设计的巴黎库瓦赛大学生住宅，弧形墙面折线状外凸窗户的厚度渐次增加，在形成如等差数列般节律的同时，也巧妙地转变了窗户的朝向。

（2）统一

造型艺术依靠形状、尺度、方向、光影、色彩与材质等各要素传达综合意象，同时也需要保持其间的多角度平衡。形态表达离不开光影互动，均质泛照使造型缺少影调，改变投射方向与亮度才能显现立体层次。质感与光线也互为牵制，直射光线能增强粗糙凹凸的质感，但过强光照下的表面如同曝光过度的相片，色彩被冲淡，细部肌理也被明显削弱。不同材质也会影响光线的反射与分布，粗糙表面因均匀柔和的漫反射而不易使人产生视觉疲劳；而光洁材质处理不当就会造成镜面反射，致使强光方向集中，直接落入人眼，使人产生眩光。

在这诸多要素中，建筑师必须厘清其在立面造型中所处的主从地位，在强调其中某一组矛盾、并使其成为压倒性因素的同时，就势必弱化另几组关系，视之为次要矛盾，这样才能突出主题，使多重关系在控制下分层级发挥效力，形成统一秩序。

初学者常担心立面缺乏变化，希望在一个建筑上竭尽所能、将各种形态以不同手法同时呈现，结果造成立面太“碎”。这时，就需要采用一种基本形式和组织规则来统一立面，即母题重现的手法，它可以是某类形体，也可以是一种符号，其特征应尽可能单纯。以完全相同的形态元素来控制立面就很容易获取统一的母题印象。

保持立面的连续性。对于建筑，人们是在持续欣赏与体验过程中了解全局的，人们所观察到的无数视觉片段应该具备潜在的关联，并能通过大脑重新整合、概括出其同一性，最终才能得到整体印象。

3. 注重界面交接

建筑师总是在长期实践中不断筛选、优化出具有典型意义的语言。对界面转折搭接部位的控制，正是转译设计构想的代码之一，它也为创作者提供了一个重要视点。密斯擅长以精细的构件直接相交来强调转折处的硬朗线条，棱角分明的角部体现出了几何完形的严谨与稳态。相反，分离交错、穿插咬合的角部，则是建筑开放形态体系在细部上的贯彻。

建筑转角与结构逻辑直接相关，如砌体结构要求大面积、有一定间距限定的墙体来承重，转角处因刚度直接影响整体性而较封闭完整，以满足构造上抵抗水平应力的需要。框架结构中承重与围护构件分离，为角部造型提供了更宽泛的自由度。先进的工艺、技术水平及材料的拓展推动了建筑师聚焦于节点，以对细部层次进行深入表达。高技术建筑作品中精致的转角是成熟构造工艺的自然流露，而非设计师刻意而为。特定的界面交接方式也能突显材料特征，如用金属曲面柔和地转折至另一界面，就可以恰到好处地体现出其良好的延展质地。[①]

用砖石建造房屋，砖石墙体既是建筑的结构支撑，也是建筑的外墙。为保证建筑稳固，墙体上不能随意开窗开门，使得建筑的“内”“外”区分明确。用木材建造房屋，木柱、木梁就构成了建筑的主要结构框架，建筑主要的围护并无结构目的，有或无均不会影响建筑的稳固，建筑外立面的开敞或封闭相对自由。通过简单的对比可见，建筑的技术手段对建筑“内”“外”关系的影响巨大。

事实上，建筑的“内”和“外”之间并非总是对立的关系。建筑的内部空间需要来自建筑外部自然的通风和光照。在人类尚不能通过电灯采光、空调通风的时代，建筑的尺度往往与自然通风、采光等因素有关，这在居住建筑中体现得尤为明显。就现代的建筑技术而言，用电灯解决照明，以机械通风提供清新空气并不困难，然而，人们却难以抑制向窗外瞭望的渴望，人们不能忍受久居于一个没有窗的房间，如咖啡厅临街靠窗的座位往往最早坐满。由此可见，建筑之“外”对于人们绝非自然通风、采光这么简单。打破空间“内”和“外”对立的动力既来自人们对自然的审美渴望，也来自人类强烈的社会属性——一种与他人交往并形成共同体的期望。

4. 反映表皮与内体的关联

事实上，古典建筑有严格的主次立面划分及精确的、可重复的固定比例范式。它们大都采用附着形式，将传达社会信息的雕塑、绘画、字体等添加到建筑表面，以加强其易读性。而现代派建筑第一次使其外观被生产逻辑主导下的覆层所简化，立面的方向性也被削弱。但其在去除装饰的同时，也几乎丧失了表皮独立表现自身和传达意义的机会。

---

① 黄波．现代绿色建筑设计标准与应用发展［M］．北京：地质出版社，2018.

表皮可“腾空”在内体外侧，有其自身的层次、深度、空间，也可匀质开放，走向超透明甚至消失。例如，伊东丰雄的“透层化建筑”就是采用透明或半透明的表皮、对光线与景象进行昼夜不同反射，颠覆了建筑固有的凝固性和恒定性，使表皮掺入海市蜃楼般的虚幻特质，令空间拥有瞬息万变的灵活性。

在很多不规则、连续流动的空间形态中，正立面、侧立面、顶面等都融合为一张巨大的“表皮”，有的甚至顺应连续的骨骼“渗入”肌体，被吞噬其中。流动性不仅模糊了界限，而且柔化了建筑构件之间的联系，甚至使人难以察觉其间的过渡与转换。“立面”的概念就被拓展了，其定义不局限在以方位朝向确定的、相对独立的正投影，而更注重其整体覆盖性。

5．入口的特殊处理

如果将宿舍理解为一个容器，宿舍寝室的窗和门都可以理解为六面体边界上的洞口，以联系内外。此时，这一“内”空间便不再独自存在。事实上，这也是建筑空间必然的存在方式：始终与其他的建筑空间或者外部空间相联系。通过窗，自然光照进房间，新鲜的空气随风而入；而门则更多意味着是人们进出空间的阀口。故此，建筑师可以将空间界面上的洞口从其功能目的加以归纳，即采光、通风和通透等。空间边界的某个洞口或承载某一特定功能，或同时满足多种功能要求，比如有的窗户能够开启，能满足通风要求，有的窗户则不能，仅以采光为目的。同样，这些洞口也多可通过简单方法加以调节、改变，如为窗户安装窗帘。

对于人类而言，感知空间大多基于视觉，而光是视觉的基础。故此，有人将建筑艺术描述为空间中光的艺术。相比较而言，建筑师对自然光偏爱有加，这多是因为自然光随着时间、季节而变换，凸显了建筑空间的魅力。

一般建筑入口有主辅之分，入口的位置除了从周围环境与道路因素考虑通行便捷之外，还需要从立面构图与视觉分量上加以考虑。

从造型角度来看，入口是建筑方位主次的重要标识；建筑师也通常将建筑主入口所处立面或面临城市主要道路的立面称为“主立面”。入口的虚实、凹凸处理显示出建筑物的不同态度，内凹入口呈谦虚内敛的姿态，像怀抱一样欢迎进入的人群，而外凸入口则以直白的语气告知到访者将要穿过的界面与空间的显赫地位，在立面层次上明显优于其他部位，与界面平齐的入口虽然没有非常强烈的表现欲，但却能保证其与四周界面的连续完整性。建筑往往结合地形，利用坡道或踏步作为引导并采用与建筑主体造型手法一致的入口，仿佛是墙面与结构的自然顺延，而采用急剧变化风格的入口，则希望以对比的要素特征，使视觉冲击力积聚到最大。

从空间感受来看，入口是分界内外的场所和人流出入的“灰空间”，它绝非“墙面开门洞”那样只是用作交通用途，而是有着非比寻常的心理隐含意义，通过这个临界点，人就从外（内）部领域进入内（外）部领域。有的入口通过尺度的缩减或扩大形成空间停顿，有的以墙面作为指引导向，有的采用新材料和自动控制技术在入口处产生趣味。由此可见，入口为整个空间序列奠定了情绪基调。

从功能意义来看，大多数入口均具备迎候送别、休息停留、整装理容、挡风避雨、夜间照明、支撑招牌等功能。因此，入口设计包括踏步、坡道、平台、雨棚、廊柱、门及相应的环境设施与景观设计。

6. 多功能复合构件处理

在建筑立面处理上，有出于装饰语言的表述，也有功能性的传达。立面上常见的功能性构件除了入口及相关组成部分之外，还包括阳台、屋顶女儿墙或栏杆、遮阳百叶、太阳能光电板及其他能量采集或存储构件。随着生态节能需求的发展，这些构件逐渐突破只起单一围合或遮蔽作用的传统构件的功能局限，开始逐渐兼备复合功能。

这些构件与构造技术完美结合，产生了新的造型逻辑，并成为建筑界面中显著的标识符号。例如，太阳能光电板可以置入倾斜的屋面或阳台面板中，使太阳能转换为热能、电能和可控光能。总之，设计需要正确的思考方法，在创意过程中，人们应该避免一些走弯路的不明智之举。

第三章　现代建筑的空间设计

第一节　建筑平面空间设计

一幢建筑物的平面、剖面和立面图，是这幢建筑物在水平方向、垂直方向的剖切面及外观的投影图，平、立、剖面综合在一起，即表达了一幢三度空间的建筑整体。

建筑平面是表示建筑物在水平方向房屋各部分的组合关系。由于建筑平面通常较为集中地反映建筑功能方面的问题，因此建筑应从平面设计入手，着眼于建筑空间的组合，紧密联系建筑剖面和立面，分析剖面、立面的可能性和合理性，不断调整修改平面，反复深入。

各种类型的建筑空间一般可以归纳为主要使用空间、辅助使用空间和交通联系空间，并通过交通联系部分将主要使用空间和辅助使用空间连成一个有机的整体。使用部分是指主要使用活动和辅助使用活动的面积，即各类建筑物中的使用房间和辅助房间。使用房间，如住宅中的起居室、卧室，学校建筑中的教室、实验室，影剧院中的观众厅等；辅助房间，如厨房、厕所、储藏室等。交通联系部分是建筑物中各个房间之间、楼层之间和房间内外之间联系通行的面积，即各类建筑物中的走廊、门厅、过厅、楼梯、坡道，以及电梯和自动楼梯等所占的面积。

一、平面设计的内容

房间是建筑平面组合的基本单元，由于建筑物的性质和使用功能不同，建筑平面中各个使用房间和辅助房间的面积大小、形状尺寸、位置、朝向以及通风、采光等方面的要求也有很大差别。

一般说来，生活、工作和学习用的房间要求安静，少干扰，由于人们在其中停留的时间相对较长，因此希望能有较好的朝向；公共活动房间的主要特点是人流比较集中，通常进出频繁，因此室内人们活动和通行面积的组织比较重要，特别是人流的疏散问题较为突出。

二、使用空间设计——主要使用房间

（一）房间的面积

各种不同用途的房间都是为了供一定数量的人在里面活动及布置所需的家具、设备而设置的，因此使用房间面积的大小，主要是由房间内部活动特点，使用人数的多少、家具设备的多少等因素决定的，例如住宅的起居室、卧室，面积相对较小；剧院、电影院的观众厅，除了人多、座椅多外，还要考虑人流迅速疏散的要求，所需的面积就大；又如室内游泳池和健身房，由于使用活动的特点，也要求有较大的面积。

为了深入分析房间内部的使用要求，我们把一个房间内部的面积，根据其使用特点分为以下几个部分。

1. 家具或设备所占面积。

2. 人们在室内的使用活动面积（包括使用家具及设备时，近旁所需的面积）。

3. 房间内部的交通面积。

确定房间使用面积的大小，除了家具设备所需的面积外，还包括室内活动和交通面积的大小，这些面积的确定又都和人体活动的基本尺度有关。例如教室中学生就座、起立时桌椅近旁必要的使用、活动面积，入座、离座时通行的最小宽度，以及教师讲课时在黑板前的活动面积等。

在一些建筑物中，房间使用面积大小的确定，并不是每个房间的面积分配很明显。例如商店营业厅中柜台外顾客的活动面积，剧院、电影院休息厅中观众活动的面积等，由于这些房间中使用活动的人数并不固定，也不能直接从房间内家具的数量来确定使用面积的大小，通常需要通过对已建的同类型房间进行调查，掌握人们实际使用活动的一些规律，然后根据调查所得的数据资料，结合设计房间的使用要求和相应的经济条件，确定比较合理的室内使用面积。

在实际设计工作中，国家或所在地区设计的主管部门，对住宅、学校、商店、医院、剧院等各种类型的建筑物，通过大量调查研究和设计资料的积累，结合我国经济条件和各地具体情况，编制出一系列面积定额指标，用以控制各类建筑中使用面积的限额，并作为确定房间使用面积的依据。

初步确定了使用房间面积的大小以后，还需要进一步确定房间平面的形状和具体尺寸。相同面积的房间，可能有很多种平面形状和尺寸，房间平面的形状和尺寸，这主要是由室内使用活动的特点，家具布置方式，以及采光、通风、音响等要求所决定的。在满足使用要求的同时，构成房间的技术经济条件，人们对室内空间的观感，也是确定房间平面形状和尺寸的重要因素。

（二）房间平面形状和尺寸

以 50 座矩形平面中小学普通教室为例，根据普通教室以听课为主的使用特点来分析，首先要保证学生上课时视、听方面的质量，座位的排列不能太远太偏，教师讲课时黑板前要有必要的活动余地等。通过具体调查实测，或借鉴已有的设计数据资料，相应地确定了允许排列的离黑板最远座位 $d \geq 8.5m$，边座和黑板面远端夹角控制在不小于 30°，以及第一排座位离黑板的最小距离为 2m 左右。在上述范围内，结合桌椅的尺寸和排列方式，根据人体活动尺度，确定排距和桌子间通道的宽度，基本上可以满足普通教室中视、听、活动和通行等方面的要求。

确定教室平面形状和尺寸的因素，除了视、听要求外，还需要综合考虑其他方面的要求，从教室内需要有足够和均匀的天然采光来分析，进深较大的方形、六角形平面，希望房间两侧都能开窗采光，或采用侧光和顶光相结合；当平面组合中房间只能一侧开窗采光时，沿外墙长向的矩形平面，能够较好地满足采光均匀的要求。

从房屋使用、结构布置、施工技术和建筑经济等方面综合考虑，一般中小型民用建筑通常采用矩形的房间平面。这是由于矩形平面通常便于家具布置和设备安装，使用上能充分利用房间有效面积，有较大的灵活性，同时，由于墙身平直，因此施工方便，结构布置和预制构件的选用较易解决，也便于统一建筑开间和进深，利于建筑平面组合。例如住宅、宿舍、学校、办公楼等建筑类型，大多采用矩形平面的房间。

如果建筑物中单个使用房间的面积很大，使用要求的特点比较明显，覆盖和围护房间的技术要求也较复杂，又不需要同类的多个房间进行组合，这时房间（也指大厅）平面以至整个体型就有可能采用多种形状。例如室内人数多、有视听和疏散要求的剧院观众厅、体育馆比赛大厅。

（三）门窗在房间平面中的布置

房间平面设计中，门窗的大小和数量是否恰当，它们的位置和开启方式是否合适，对房间的平面使用效果有很大影响。同时，窗的形式和组合方式又和建筑立面设计的关系极为密切。

1. 门的宽度、数量和开启方式

房间平面中门的最小宽度，是由人、家具和设备的尺度以及通过人流多少决定的。例如住宅中卧室、起居室等生活用房间，门的宽度常用900mm，这样的宽度可使一个携带东西的人方便地通过，也能搬进床、柜等尺寸较大的家具。住宅中厕所、浴室的门，宽度只需650～800mm，阳台的门宽度800mm即可。

室内面积较大、活动人数较多的房间，应该相应增加门的宽度或门的数量，当门宽大于1000mm时，为了开启方便和少占使用面积，通常采用双扇门或四扇门，双扇门宽度可为1200～1800mm，四扇门宽度可为1800～3600mm。

根据防火规范的要求，当房间使用人数多于50人，且房间面积大于60m^{2}时，应分别在房间两端设置两扇门，以保证安全疏散。使用人

数较多的房间以及人流量集中的礼堂建筑，门的设置按每10人600mm宽度计算，并且门应向外开启，以利于紧急疏散。

通常面对走廊的门应向房间内开启，以免影响走廊交通。而进出人流连续、频繁的建筑物门厅的门，常采用弹簧门，使用比较方便。另外，当房间开门位置比较集中时，也应注意门的开启方向，避免相互碰撞和遮挡。

2. 房间平面中门的位置

房间平面中门的位置应考虑尽可能地缩短室内交通路线，防止迂回，并且应尽量避免斜穿房间，保留较完整的活动面积。门的位置对室内使用面积能否充分利用，家具布置是否合理，以及组织室内穿堂风等有很大影响。

对于面积大、人流量集中的房间，例如剧院观众厅，其门的位置通常均匀设置，以利于迅速、安全地疏散人流。

3. 窗的大小和位置

房间中窗的大小和位置，主要根据室内采光、通风要求来考虑。采光方面，窗的大小直接影响室内照度是否足够，窗的位置关系到室内照度是否均匀。各类房间照度要求是由室内使用上精确细密的程度来确定的。由于影响室内照度强弱的因素，主要是窗户面积的大小，因此，通常以窗口透光部分的面积和房间地面面积的比（窗地面积比）来初步确定或校验窗面积的大小。

窗的平面位置，主要影响到房间沿外墙（开间）方向的照度是否均匀、有无暗角和眩光。如果房间的进深较大，同样面积的矩形窗户竖向设置，可使房间进深方向的照度比较均匀。中小学教室在一侧采光的条件下，窗户应位于学生左侧；窗间墙的宽度从照度均匀考虑，一般不宜过大具体窗间墙尺寸的确定需要综合考虑房屋结构或抗震要求等因素同时，窗户和挂黑板墙面之间的距离要适当，这段距离太小会使黑板上产生眩光，距离太大又会形成暗角。

建筑物室内的自然通风，除了和建筑朝向、间距、平面布局等因素有关外，房间中窗的位置对室内通风效果的影响也很关键。通常利用房间两侧相对应的窗户或门窗之间组织穿堂风，门窗的相对位置采用对面通直布置时，室内气流通畅，同时也要尽可能使穿堂风通过室内使用活动部分的空间。

三、使用空间设计——辅助使用房间

建筑的辅助房间主要包括厕所、盥洗室、厨房、储藏室、更衣室、洗衣房、锅炉房、通风机房等。通常有些建筑仅设置男女厕所，如办公楼、学校、商场等；有些建筑需设置公共卫生间，如幼儿园、集体宿舍等；而有些建筑则设置专用卫生间，如宾馆、饭店、疗养院等。

在建筑设计中，根据各种建筑物的使用特点和使用人数的多少，先确定所需设备的个数。根据计算所得的设备数量，考虑在整幢建筑物中厕所的分布情况，最后在建筑平面组合中，根据整幢房屋的使用要求适当调整并确定这些辅助房间的面积、平面形式和尺寸。一般建筑物中公共服务的厕所应设置前室，这样使厕所较隐蔽，又有利于改善通向厕所的走廊或过厅处的卫生条件。

厨房的主要功能是炊事，有时兼有进餐或洗涤的功能。住宅建筑中的厨房是家务劳动的中心所在，在厨房内所从事家务劳动的时间几乎占家务劳动总量的 2/3，所以厨房设计的好坏是影响住宅使用的重要因素。通常根据厨房操作的程序布置台板、水池、炉灶，并充分利用空间解决储藏问题。

四、平面组合设计

建筑设计不仅要求每个房间本身具有合理的形状和大小，而且还要求各个房间之间以及房间与内部交通之间保持合理的联系。建筑平面组合设计，就是将建筑的各个组成部分通过一定的形式连成一个整体，并满足使用方便、经济、美观以及符合总体规划的要求，尽可能地结合基地环境，使之合理完善。[①]

在进行建筑平面组合时，首先要对建筑物进行功能分析，而功能分析通常借助于功能分析图进行。功能分析图是用来表示建筑物的各个使用部分以及相互之间联系的简单分析图。

（一）建筑平面功能分析

1. 房间的主次关系

在建筑中由于各类房间使用性质的差别，有的房间相对处于主要地位，有的则处于次要地位，在进行平面组合时，根据它的功能特点，通常将主要使用房间放在朝向好、比较安静的位置，以取得较好的日照、采光、通风条件。公共活动的主要房间的位置应在出入和疏散方便、人流导向比较明确的部位。例如住宅建筑中，生活用的起居室、卧室是主要的房间，厨房、浴厕、贮藏室等属次要房间；学校教学楼中的教室、实验室等应是主要的使用房间，其余的管理、办公、贮藏、厕所等属次要房间；在食堂建筑中，餐厅是主要的使用房间，而备餐、厨房、库房等属次要房间。

2. 房间的内外关系

在各种使用空间中，有的部分对外性强，直接为公众使用；有的部分对内性强，主要是内部工作人员使用。按照人流活动的特点，将对外性较强的部分尽量布置在交通枢纽附近，将对内性较强的部分布置在较隐蔽的部位，并使之靠近内部交通区域。如商业建筑营业厅对外的人流量大，应布置在交通方便、位置明显处，而将库房、办公等管理用房布置在后部次要入口处。

3. 房间的联系与分隔

在建筑物中那些供学习、工作、休息用的主要使用部分希望获得比较安静的环境，因此应与其他使用部分适当分隔。在进行建筑平面组合时，首先将组成建筑物的各个使用房间进行功能分区，以确定各部分的

① 刘滨谊. 现代景观规划设计第 4 版 [M]. 南京：东南大学出版社，2017.

联系与分隔，使平面组合更趋合理。例如学校建筑，可以分为教学活动、行政办公以及生活后勤等几部分，教学活动和行政办公部分既要分区明确，避免干扰，又要考虑分属两个部分的教室和教师办公室之间的联系方便，它们的平面位置应适当靠近一些；对于使用性质同样属于教学活动部分的普通教室和音乐教室，由于音乐教室上课时对普通教室有一定的声响干扰，它们虽属同一个功能区中，但是在平面组合中却又要求有一定的分隔。

又如医院建筑中，通常可以分为门诊、住院、辅助医疗和生活服务用房等几部分，其中门诊和住院两个部分，都与包括化验、理疗、放射、药房等房间的辅助医疗部分关系密切，需要联系方便，但是门诊部分比较嘈杂，住院部分需要安静，它们之间需要有较好的分隔。

4. 房间使用程序及交通路线的组织

在建筑物中不同使用性质的房间或各个部分，在使用过程中通常有一定的先后顺序，这将影响到建筑平面的布局方式，平面组合时要很好地考虑这些前后顺序，应以公共人流交通路线为主导线，不同性质的交通流线应明确分开。

例如车站建筑中有人流和货流之分，人流又有问询、售票、候车、检票、进入站台上车的上车流线以及由站台经过检票出站的下车流线等。有些建筑物对房间的使用顺序没有严格的要求，但是也要安排好室内的人流通行面积，尽量避免不必要的往返交叉或相互干扰。

（二）建筑平面组合方式与结构选型

建筑结构好比建筑物的骨骼，结构形式在很大程度上决定了建筑物的体型和形式，如墙承重结构房屋的层数不高，跨度不大，室内空间较小，并且墙面开窗受到限制；框架结构的建筑层数高，立面开窗比较自由，可以形成高大的体型和明朗简洁的外观；而悬索、网架等新型屋盖结构既可以形成巨大的室内空间，又可以有新颖大方、轻巧明快的立面形式。同时结构形式还与建筑物的平面和空间布局关系密切，根据不同建筑的组合方式采取相应的结构形式来满足，以达到经济、合理的效果。目前民用建筑常用的结构类型有三种，即墙承重结构、框架结构、空间结构。

1. 墙承重结构

墙承重结构是以墙体、钢筋混凝土梁板等构件构成的承重结构系统，建筑的主要承重构件是墙、梁板、基础等。在走廊式和套间式的平面组合中，当房间面积较小，建筑物为多层（五、六层以下）或低层时，通常采用墙承重结构。

墙承重结构分为横墙承重、纵墙承重、纵横墙混合承重三种。

（1）横墙承重

房间的开间大部分相同，开间的尺寸符合钢筋混凝土板经济跨度时，常采用横墙承重的结构布置。横墙承重的结构布置，建筑横向刚度好，立面处理比较灵活，但由于横墙间距受梁板跨度限制，房间的开间不大，因此，适用于有大量相同开间，而房间面积较小的建筑，通常宿舍、门诊所和住宅建筑中采用得较多。

（2）纵墙承重

房间的进深基本相同，进深的尺寸符合钢筋混凝土板的经济跨度时，常采用纵向承重的结构布置。纵墙承重的主要特点是平面布置时房间大小比较灵活，建筑在使用过程中，可以根据需要改变横向隔断的位置，以调整使用房间面积的大小，但建筑整体刚度和抗震性能差，立面开窗受限制，适用于一些开间尺寸比较多样的办公楼，以及房间布置比较灵活的住宅建筑中采用。

（3）纵横墙承重

在建筑平面组合中，一部分房间的开间尺寸和另一部分房间的进深尺寸符合钢筋混凝土板的经济跨度时，建筑平面可以采用纵横墙承重的结构布置。这种布置方式，平面中房间安排比较灵活，建筑刚度相对也较好，但是由于楼板铺设的方向不同，平面形状较复杂，因此施工时比上述两种布置方式麻烦。一些开间进深都较大的教学楼，可采用有梁板等水平构件的纵横墙承重的结构布置。

2. 框架结构

框架结构是以钢筋混凝土梁柱或钢梁柱连接的结构布置。框架结构布置的特点是梁柱承重，墙体只起分隔、围护的作用，房间布置比较灵活，门窗开置的大小、形状都较自由，但钢及水泥用量大，造价比墙承重结构高。在走廊式和套间式平面组合中，当房间的面积较大、层高较高、荷载较重，或建筑物的层数较多时，通常采用钢筋混凝土框架或钢框架结构，如实验楼、大型商店、多层或高层旅馆等建筑。

3. 空间结构

大厅式平面组合中，对面积和体量都很大的厅室，例如剧院的观众厅、体育馆的比赛大厅等，它们的覆盖和围护问题是大厅式平面组合结构布置的关键，新型空间结构的迅速发展，有效地解决了大跨度建筑空间的覆盖问题，同时也创造出了丰富多彩的建筑形象。

空间结构系统有各种形状的折板结构、壳体结构、网架壳体结构以及悬索结构等。

（四）设备管线

建筑内设备管线主要指给排水、采暖空调、煤气、电器、通信、电视等管线。在平面组合时应选择合适的位置布置设备管线，设备管线应尽量集中、上下对齐，缩短管线距离。必要时可设置管道井。

（五）基地环境对建筑平面组合的影响

任何建筑物都不是孤立存在的，它与周围的建筑物、道路、绿化、建筑小品等密切联系，并受到它们及其他自然条件如地形、地貌等的限制。

1. 基地大小、形状和道路走向

基地的大小和形状，与建筑的层数、平面组合的布局关系极为密切。在同样能满足使用要求的情况下，建筑功能分区各个部分，可采用较为集中紧凑的布置方式，或采用分散的布置方式，这方面除了和气候条件、节约用地以及管道设施等因素有关外，还和基地大小和形状有关。同时，基地内人流、车流的主要走向，又是确定建筑平面中出入口和门厅位置的重要因素。

2. 建筑物的朝向和间距

影响建筑物朝向的因素主要有日照和风向。不同季节，太阳的位置、高度都在发生着有规律的变化。根据我国所处的地理位置，建筑物采取南向或南偏东向、南偏西向能获得良好的日照，这是因为冬季太阳高度角小，射入室内的光线较多，而夏季太阳高度角较大，射入室内的光线较少，以获得冬暖夏凉的效果。

在考虑日照对建筑平面组合的影响时，也不可忽视当地夏季和冬季主导风向对建筑的影响。应根据主导风向，调整建筑物的朝向，以改变室内气候条件，创造舒适的室内环境。

日照间距通常是确定建筑间距的主要因素。建筑日照间距的要求，是使后排建筑在底层窗台高度处，保证冬季能有一定的日照时间。房间日照的长短，是由房间和太阳相对位置的变化关系决定的，这个相对位置以太阳的高度角和方位角表示，它和建筑物所在的地理纬度、建筑方位以及季节、时间有关。

第二节　建筑剖面空间设计

一、房间的剖面形状

建筑的剖面设计，首先要根据建筑的使用功能确定其层高和净高。建筑的层高是指从楼面（地面）至楼面的距离；而净高是指从楼面至顶棚（梁）底面的距离。房间高度和剖面形状的确定主要考虑以下几方面。

（一）室内使用性质和活动特点

房间的净高与室内使用人数的多少、房间面积的大小、人体活动尺度和家具布置等因素有关。如住宅建筑中的起居室、卧室，由于使用人数少、房间面积小，净高可以低一些，一般为2. 80m；但是集体宿舍中的卧室，由于室内人数比住宅居室稍多，又考虑到设置双层床铺的可能性，因此净高要稍高些，一般不小于3. 2m；学校的教室由于使用人数较多，房间面积更大，根据生理卫生的要求，房间净高要高一些，一般不小于3.6m。[①]

（二）采光、通风的要求

室内光线的强弱和照度是否均匀，除了和平面中窗户的宽度及位置有关外，还和窗户在剖面中的高低有关。房间里光线的照射深度，主要靠侧窗的高度来解决，进深越大，要求侧窗上沿的位置越高，即相应房间的净高也要高一些。

侧窗采光方式由于可以看到室外空间的景色，感觉比较舒畅，建筑立面处理也开朗、明快，因此广泛运用于各类民用建筑中。但其缺点是光线直射，不够均匀，容易产生眩光，不适于展览建筑；并且，单侧窗采光照度不均匀，应尽量提高窗上沿的高度或采用双侧窗采光，并控制房间的进深。

高侧窗的窗台高1800mm左右，结构、构造也较简单，有较大的陈列墙面，同时可避免眩光，用于展览建筑效果较好，有时也用于仓库建筑等。

天窗多用于展览馆、体育馆及商场等建筑。其特点是光线均匀，可避免进深大的房间深处照度不足的缺点，采光面积不受立面限制，开窗大小可按需要设置并且不占用墙面，空间利用合理，能消除眩光。但天窗也有局限性，只适用于单层及多层建筑的顶楼。

依据房间通风要求，在建筑的迎风面设进风口，在背风面设出风口，使其形成穿堂风，室内进出风口在剖面上的位置高低，也对房间净高的确定有一定影响。应注意的是，房间里的家具、设备和隔墙不要阻挡气流通过。

（三）结构类型的要求

在建筑剖面设计中房间净高受结构层厚度、吊顶和梁高以及结构类型的影响。例如预制梁板的搭接，由于梁底下凸较多，楼板层结构厚度较大，相应房间的净高降低，而花篮梁的梁板搭接方式与矩形梁相比，

---

① 刘宏伟．现代高层建筑施工［M］．北京：机械工业出版社，2019．

在层高不变的情况下增加净高，提高了房间的使用空间。

在墙承重结构中，由于考虑到墙体稳定高厚比要求，当墙厚不变时，房间高度受到一定限制；而框架结构中，由于改善了构件的受力性能，能适应空间较高要求的房间。

另外，空间结构的剖面形状是多种多样的，选用空间结构时，应尽可能和室内使用活动特点所要求的剖面形状结合起来。

（四）设备设置的要求

在民用建筑中，有些设备占据了部分的空间，对房间的高度产生一定影响。如顶棚部分嵌入或悬吊的灯具、顶棚内外的一些空调管道以及其他设备。

（五）室内空间比例的要求

室内空间有长、宽、高三个方向的尺寸，不同空间比例给人以不同的感受。窄而高的空间会使人产生向上的感觉，如西方的高直式教堂就是利用这种空间形成宗教建筑的神秘感；细而长的空间会使人产生向前的感觉，建筑中的走道就是利用这种空间形成导向感；低而宽的空间会使人产生侧向的广延感，公共建筑的大厅利用这种空间可以形成开阔、博大的气氛。

一般房间的剖面形状多为矩形，但也有一些室内使用人数较多、面积较大的活动房间，由于结构、音响、视线以及特殊的功能要求也可以是其他形状，如学校的阶梯教室、影剧院的观众厅、体育馆的比赛大厅等。

为了保证房间有良好的视觉质量，即从人们的眼睛到观看对象之间没有遮挡，使室内地坪按一定的坡度变化升起。通常观看对象的位置越低，即选定的设计视点越低，地坪升起越高。

为了保证室内有良好的音质效果，使声场分布均匀，避免出现声音空白区、回声以及聚焦等现象，在剖面设计中要选择好顶棚形状。

二、房间的各部分高度

建筑各部分高度主要指房间净高与层高、窗台高度和室内外地面高差。

（一）层高的确定

在满足卫生和使用要求的前提下，适当降低房间的层高，从而降低整幢建筑的高度，对于减轻建筑物的自重、改善结构受力情况、节省投资和用地都有很大意义。以大量建造的住宅建筑为例，层高每降低100mm，可以节省投资约1%。减少间距可节约居住区的用地2%左右。建筑层高的确定，还需要综合功能、技术经济和建筑艺术等多方面的要求。

（二）窗台高度

窗台的高度主要根据室内的使用要求、人体尺度和靠窗家具或设备的高度来确定。一般民用建筑中，生活、学习或工作用房，窗台高度采用900～1000mm，这样的尺寸和桌子的高度（约800mm）比较适宜，保证了桌面上光线充足。厕所、浴室窗台可提高到1800mm。幼儿园建筑结合儿童尺度，窗台高常采用700mm。有些公共建筑，如餐厅、休息厅为扩大视野，丰富室内空间，常将窗台做得很低，甚至采用落地窗。

（三）室内外地面高差

一般民用建筑为了防止室外雨水倒流入室内，并防止墙身受潮，底层室内地面应高于室外地面450mm左右。高差过大，不利于室内外联系，也增加建筑造价。建筑建成后，会有一定的沉降量，这也是考虑室内外地坪高差的因素。位于山地和坡地的建筑物，应结合地形的起伏变化和室外道路布置等因素，选定合适的室内地面标高。有的公共建筑，如纪念性建筑或一些大型厅堂建筑等，从建筑物造型考虑，常提高建筑底层地坪的标高，以增高建筑外的台基和增多室外的踏步，从而使建筑显得更加宏伟、庄重。

三、建筑层数的确定和剖面的组合方式

（一）建筑层数的确定

影响建筑层数确定的因素很多，主要有建筑本身的使用要求、基地

环境和城市规划的要求、选用的结构类型、施工材料和技术的要求、建筑防火的要求以及经济条件的要求等。

1. 建筑的使用要求

由于建筑用途不同，使用对象不同，对建筑的层数有不同的要求。如幼儿园，为了使用安全和便于儿童与室外活动场地的联系，应建低层，其层数不应超过3层；医院、中小学校建筑也宜在三四层之内；影剧院、体育馆、车站等建筑，由于使用中有大量人流，为便于迅速、安全疏散，也应以单层或低层为主。对于大量建设的住宅、办公楼、旅馆等建筑，一般可建成多层或高层。

2. 基地环境和城市规划的要求

确定建筑的层数，不能脱离一定的环境条件限制，应考虑基地环境和城市规划的要求。特别是位于城市街道两侧、广场周围、风景园林区、历史建筑保护区的建筑，必须重视与环境的关系，做到与周围建筑物、道路、绿化相协调，同时要符合城市总体规划的统一要求。

建筑物建造时所采用的结构体系和材料不同，允许建造的建筑物层数也不同。如一般混合结构，墙体多采用砖砌筑，自重大，整体性差，且随层数的增加，下部墙体愈来愈厚，既费材料又减少使用面积，故常用于建造六七层以下的民用建筑，如多层住宅、中小学教学楼、中小型办公楼等。

钢筋混凝土框架结构、剪力墙结构、框架－剪力墙结构及筒体结构则可用于建多层或高层建筑，如高层办公楼、宾馆、住宅等。

空间结构体系，如折板、薄壳、网架等，适用于低层、单层、大跨度建筑，常用于剧院、体育馆等建筑。

建筑施工条件、起重设备及施工方法等，对确定建筑的层数也有一定的影响。

3. 建筑防火要求

按照相关规定，建筑层数应根据建筑的性质和耐火等级来确定。当耐火等级为一、二级时，层数原则上不作限制；耐火等级为三级时，最多允许建5层；耐火等级为四级时，仅允许建2层。

4. 建筑经济的要求

建筑的造价与层数关系密切。对于混合结构的住宅，在一定范围内，适当增加建筑层数，可降低住宅的造价。一般情况下，五六层混合结构的多层住宅是比较经济的。

除此之外，建筑层数与节约土地关系密切。在建筑群体组合设计中，单体建筑的层数愈多，用地愈经济。把一幢5层住宅和5幢单层平房相比较，在保证日照间距的条件下，用地面积要相差2倍左右，同时，道路和室外管线设置也都相应减少。

（二）建筑剖面的组合方式

建筑剖面的组合方式，主要是由建筑物中各类房间的高度和剖面形状、房间的使用要求以及结构布置特点等因素决定的，剖面的组合方式大体上可归纳为以下几种。

1. 单层

当建筑物的人流、物品需要与室外有方便、直接的联系，或建筑物的跨度较大，或建筑顶部要求自然采光和通风时，常采用单层组合方式，如车站、食堂、会堂、展览馆和单层厂房等建筑。单层组合方式的缺点是用地很不经济。

2. 多层和高层

多层和高层组合方式，室内交通联系比较紧凑，适用于有较多相同高度房间的组合，如住宅、办公、学校、医院等建筑。因考虑节约城市用地，增加绿地，改善环境等因素，也可采取高层组合方式。

3. 错层和跃层

错层剖面是在建筑物纵向或横向剖面中，建筑几部分之间的楼地面高低错开，主要是由于房间层高不同或坡地建筑而形成错层。建筑剖面中的错层高差，通常利用室外台阶或踏步、楼梯间加以解决。

跃层组合多用于高层住宅建筑中，每户人家都有上下两层，通过内部小楼梯联系。每户居室都有两个朝向，有利于自然通风和采光。由于公共走廊不是每层都设置，所以减少了公共面积，也减少了电梯停靠的次数，提高了速度。

四、建筑空间的组合与利用

（一）建筑空间的组合

1．高度相同或高度接近的房间组合

高度相同、使用性质接近的房间，如教学楼中的普通教室和实验室，住宅中的起居室和卧室等，可以组合在一起。高度比较接近，使用上关系密切的房间，考虑到建筑结构构造的经济合理和施工方便等因素，在满足室内功能要求的前提下，可以适当调整房间之间的高差，尽可能统一这些房间的高度。教学楼平面方案，其中教室、阅览室、贮藏室以及厕所等房间，由于结构布置时从这些房间所在的平面位置考虑，要求组合在一起，因此把它们调整为同一高度；平面一端的阶梯教室，它和普通教室的高度相差较大，故采用单层剖面附建于教学楼主体旁；行政办公部分从功能分区考虑，平面组合上和教学活动部分有所分隔，这部分房间的高度可比教室部分略低，仍按行政办公房间所需要的高度进行组合，它们和教学活动部分的错层高差通过踏步解决，这样的空间组合方式，使用上能满足各个房间的要求，也比较经济。

2．高度相差较大房间的组合

高度相差较大的房间，在单层剖面中可以根据房间实际使用要求所需的高度，设置不同高度的屋顶。如单层食堂空间组合，餐厅部分由于使用人数多、房间面积大，相应房间的高度高，可以单独设置屋顶；厨房、库房以及管理办公部分，各个房间的高度有可能调整在一个屋顶下，由于厨房部分有较高的通风要求，故在厨房间的上部加设气楼；备餐部分使用人数少、房间面积小，房间的高度可以低些，从平面组合使用顺序和剖面中屋顶搭接的要求考虑，把这部分设计成餐厅和厨房间的一个连接体，房间的高度相应也可以低一些。

在多层和高层建筑的剖面中，高度相差较大的房间可以根据不同高度房间的数量多少和使用性质，在建筑垂直方向进行分层组合。例如旅馆建筑中，通常把房间高度较高的餐厅、会客、会议等部分组织在楼下的一、二层或顶层，旅馆的客房部分相对高度要低一些，可以按客房标准层的层高组合。高层建筑中通常还把高度较低的设备房间组织在同一层，称为设备层。

（二）建筑空间的利用

充分利用建筑物内部的空间，实际上是在建筑占地面积和平面布置基本不变的情况下，起到了扩大使用面积、节约投资的效果。同时，如果处理得当还可以改善室内空间比例，丰富室内空间，增强艺术感。

1. 夹层空间的利用

一些公共建筑，由于功能要求其主体空间与辅助空间在面积和层高要求上大小不一致，如体育馆比赛大厅、图书馆阅览室、宾馆大厅等，常采用在大厅周围布置夹层空间的方式，以达到充分利用室内空间及丰富室内空间效果的目的。

2. 房间内的空间利用

在人们室内活动和家具设备布置等必需的空间范围以外，可以充分利用房间内其余部分的空间，如住宅建筑卧室中的吊柜、厨房中的搁板和储物柜等贮藏空间。

3. 走道及楼梯间的空间利用

由于建筑物整体结构布置的需要，建筑中的走道通常和层高较高的房间高度相同，这时走道顶部可以作为设置通风、照明设备和铺设管线的空间。

一般建筑中，楼梯间的底部和顶部通常都有可以利用的空间，当楼梯间底层平台下不做出入口用时，平台以下的空间可作贮藏或厕所的辅助房间；楼梯间顶层平台以上的空间高度较大时，也能用作贮藏室等辅助房间，但必须增设一个梯段，以通往楼梯间顶部的小房间。

第三节 建筑体形与立面设计

一、影响体型及立面设计的因素

（一）反映建筑功能和建筑类型的特征

建筑的外部形体是怎样形成的呢？它不是凭空产生的，也不是由设计者随心所欲决定的，它是内部空间合乎逻辑的反映，有什么样的内部空间，就有什么样的外部体型。例如，由许多单元组合拼接而成的住宅，为一整齐的长方体型，以单元组合而成的建筑以其简单的体型、小巧的尺度感、整齐排列的门窗和重复出现的阳台而获得居住建筑所特有的生活气息和个性特征；由多层教室组成的长方体为主体的教学楼，主体前有一小体量的长方体（单层）多功能教室或阶梯教室，二者之间通过廊子连接，由于室内采光要求高，人流出入多，立面上往往形成高大、明快的窗户和宽敞的入口；商场建筑需要较大营业面积，因此层数不多而每层建筑面积较大，使得体型呈扁平状，同时底层外墙面上的大玻璃陈列橱窗和人流方向明显的入口，通常又是一些商业建筑立面的特征；作为剧院主体部分的观众厅，不仅体量高大，而且又位于建筑物中央，前面是宽敞的门厅，后面紧接着是高耸的舞台，剧院建筑通过巨大的观众厅、高耸的舞台和宽敞的门厅所形成的强烈虚实对比来表现剧院建筑的特征。

这些外部体型是内部空间的反映，而内部空间又必须符合使用功能，因此建筑体型不仅是内部空间的反映，而且还间接地反映出建筑功能的特点，设计者充分利用这种特点，使不同类型的建筑各具独特的个性特征，这就是为什么我们所看到的建筑物并没有贴上标签，表明“这是一幢办公楼”或“这是一幢医院”，而我们却能区分它们的类型，也正是由于各种类型的建筑在功能要求上的千差万别，反映在形式上也必然是千变万化。

（二）结合材料性能、结构、构造和施工技术的特点

建筑物的体型、立面，与所用材料、结构选型、施工技术、构造措

施关系极为密切，这是由于建筑物内部空间组合和外部体型的构成，只能通过一定的物质技术手段来实现。例如墙体承重的混合结构，由于构件受力要求，窗间墙必须保留一定宽度，窗户不能开太大，因此，形成较为厚重、封闭、稳重的外观形象；钢筋混凝土框架结构，由于墙体只起围护作用，建筑立面门窗的开启具有很大的灵活性，可形成大面积的独立窗，也可组成带形窗，能显示出框架结构建筑的简洁、明快、轻巧的外观形象；以高强度的钢材、钢筋混凝土等不同材料构成的空间，不仅为室内各种大型活动提供了理想的使用空间，同时，各种形式的空间结构也极大地丰富了建筑物的外部形象，使建筑物的体型和立面，能够结合材料的力学性能，结合结构的特点，具有很好的表现力。①

（三）适应一定的社会经济条件

建筑在国家基本建设投资中占有很大比例，因此在建筑体型和立面设计中，必须正确处理实用、经济、美观等几方面的关系。各种不同类型的建筑物，根据其使用性质和规模，应严格掌握国家规定的建筑标准和相应的经济指标。在建筑标准、所用材料、造型要求和外观装饰等方面区别对待，防止片面强调建筑的艺术性，忽略建筑设计的经济性，应在合理满足使用要求的前提下，用较少的投资建造美观、简洁、明朗、朴素、大方的建筑物。

（四）适应基地环境和城市规划的要求

任何一幢建筑都处于一定的外部空间环境之中，同时也是构成该处景观的重要因素。因此，建筑外形不可避免地要受外部空间的制约，建筑体型和立面设计要与所在地区的地形、气候、道路以及原有建筑物等基地环境相协调，同时也要满足城市总体规划的要求。如风景区的建筑，在造型设计上应该结合地形的起伏变化，使建筑高低错落，层次分明，与环境融为一体。又如在山区或丘陵地区的住宅建筑，为了结合地形条件和争取较好的朝向，往往采用错层布置，产生多变的体型。

位于城市中的建筑物，一般由于用地紧张，受城市规划约束较多，

① 刘素芳，蔡家伟．现代建筑设计中的绿色技术与人文内涵研究［M］．成都：电子科技大学出版社，2019.

建筑造型设计要密切结合城市道路、基地环境、周围原有建筑物的风格及城市规划部门的要求。

二、建筑构图的基本法则

建筑审美没有客观标准，审美标准是由经验决定的，而审美经验又是由文化素养决定的，同时还取决于地域、民族风格、文化结构、观念形态、生活环境以及学派等。但是一幢新建筑落成以后，总会给人们留下一定的印象并产生美或不美的感觉，因此建筑的美观是客观存在的。

建筑的美在于各部分的和谐以及相互组合的恰当与否，并遵循建筑美的法则。建筑造型设计中的美学原则，是指建筑构图中的一些基本规律，如统一、均衡、稳定、对比、韵律、比例和尺度等。

（一）统一与变化

统一与变化是建筑形式美最基本的要求，它包含两方面含义——秩序与变化，秩序相对于杂乱无章而言，变化相对于单调而言。在一幢建筑中，由于各使用部分功能要求不同，其空间大小、形状、结构处理等方面存在着差异，这些差异反映到建筑外观形象上，成为建筑形式变化的一面；而使用性质不同的房间之间又存在着某些内在的联系，在门窗处理、层高开间及装修方面可采取一致的处理方式，这些反映到建筑外观形式上，成为建筑形式统一的一面。统一与变化的原则，使得建筑物在取得整齐、简洁的外形的同时，又不至于显得单调、呆板。

一般说来，简单的几何形状易取得和谐统一的效果，如正方形、正三角形、正多边形、圆形等，构成其要素之间具有严格的制约关系，从而给人以明确、肯定的感觉，这本身就是一种秩序和统一。

在复杂体量的建筑组合中，一般包括主要部分和从属部分、主要体量和次要体量。因此，体型设计中各组成部分不能不加区别平均对待，应有主与次、重点与一般、核心与外围的差别。如果适当地将二者加以处理，可以加强表现力，取得完整统一的效果。

（二）均衡与稳定

由于建筑物的各部分体量表现出不同的重量感，因而几个不同体量组合在一起时，必然会产生一种轻重关系，均衡是前后左右的轻重关系，稳定则是指上下之间的轻重关系。

一般说来，体量大的、实体的、材质粗糙及色彩暗的，感觉要重一些；体量小的、通透的、材质光洁及色彩明快的，感觉要轻一些。在建筑设计中，要利用、调整好这些因素，使建筑形象获得均衡、稳定的感觉。

根据力学原理的均衡，也称作静态的均衡，一般分为对称的均衡和不对称的均衡。对称的均衡是以建筑中轴线为中心，重点强调两侧的对称布局。一般说来，对称的体型易产生均衡感，并能通过对称获得庄严、肃穆的气氛。但受对称关系的限制，常会与功能有矛盾并且适应性不强。不对称的均衡将均衡中心偏于建筑的一侧，利用不同体量、材料、色彩、虚实变化等达到不对称的均衡，这种形式的建筑轻巧、活泼，功能适应性较强。

有些物体是依靠运动求得平衡的，如旋转的陀螺、展翅飞翔的鸟、行驶着的自行车等都是动态均衡。随着建筑结构技术的发展和进步，动态均衡对建筑处理的影响将日益显著，动态均衡的建筑组合更自由、更灵活，从任何角度看都有起伏变化，功能适应性更强。如美国古根海姆美术馆，犹如旋转的陀螺；纽约肯尼迪机场候机楼，以象征主义手法将外形处理成展翅欲飞的鸟。

关于稳定，通常上小下大、上轻下重的处理能获得稳定感。人们在长期实践中形成的关于稳定的观念一直延续了几千年，以至到近代还被人们当作一种建筑美学的原则来遵循。但随着现代新结构、新材料的发展和人们的审美观念的变化，关于稳定的概念也有所突破，创造出上大下小、上重下轻、底层架空的建筑形式。

（三）对比与微差

一个有机统一的整体，其各种要素除按照一定秩序结合在一起外，必然还有各种差异。对比是指显著的差异，微差是指不显著的差异。对比可以借相互之间的烘托、陪衬而突出各自的特点以求得变化；微差可以借彼此之间的连续性以求得协调。对比与微差在建筑中的运用，主要有量的大小、长短、高低对比，形状的对比，方向的对比，虚与实的对比，以及色彩、质地、光影对比等。对比强烈，则变化大，能突出重点；对比小，则变化小，易于取得相互呼应、协调的效果。在立面设计中，虚实对比具有很大的艺术表现力。

（四）韵律

韵律是一种波浪起伏的律动，近似节拍，当形、线、色、块整齐而有条理地重复出现，或富有变化地重复排列时，就可获得韵律感。生活中捕捉到的韵律比比皆是，如街区的流线以及足球场上娴熟的球技展现的完美画面等，韵律给我们留下的是舒畅淋漓的快感，进而使我们联想到音符的温婉跌宕。设计师将建筑立面上的窗、窗间墙、柱等构件的形状、大小不断重复出现和有规律变化，从而形成了具有条理性、重复性、连续性的韵律美，加强和丰富了建筑形象。又如现代建筑中的某大型商场屋顶设计的韵律处理，顶部大小薄壳的曲线变化，其中有连续的韵律及彼此相似渐变的韵律，给人以新颖感和时代感。

1. 连续的韵律

这种处理手法强调一种或几种组成部分的连续运用和重复出现所产生的韵律感。

2. 渐变的韵律

这种韵律的特点是常将某些组成部分，如体量的高低、大小，色彩的冷暖、浓淡，质感的粗细、轻重等，作有规律的增减，以造成统一和谐的韵律感。例如我国古代塔身的变化，就是运用相似的每层檐部与墙身的重复与变化而形成的渐变韵律，使人感到既和谐统一又富于变化。

3. 交错的韵律

这种韵律是指在建筑构图中，运用各种造型因素，如体型的大小、空间的虚实等，作有规律的纵横交错、相互穿插的处理，形成一种生动的韵律感。

（五）比例和尺度

比例，一方面是指建筑物的整体或局部某个构件本身长、宽、高之间的大小比较关系；另一方面是指建筑物整体与局部，或局部与局部之间的大小比较关系。任何物体不论呈何种形状，都存在着长、宽、高三个方向的尺寸，良好的比例就是寻求这三者之间最理想的关系。一座看上去美观的建筑都应具有良好的比例大小和合适的尺度，否则会使人感到别扭，而无法产生美感。

在建筑立面上，矩形最为常见，建筑物的轮廓、门窗等都形成不同大小的矩形，如果这些矩形的对角线有某种平行、垂直或重合的关系，将有助于形成和谐的比例关系。

尺度是指建筑物整体或局部与人之间的比例关系。建筑中尺度的处理应反映出建筑物真实体量的大小，当建筑整体或局部给人的大小感觉同实际体量的大小相符合，尺度就对了；否则，不但使用不方便，看上去也不习惯，造成对建筑体量产生过大或过小的感觉，从而失去应有的尺度感。

对于大多数建筑，在设计中应使其具有真实的尺度感，如住宅、中小学校、幼儿园、商店等建筑，多以人体的大小来度量建筑物的实际大小，形成一种自然的尺度。但对于某些特殊类型的建筑，如纪念性建筑物，设计时往往运用夸张的尺度给人以超过真实大小的感觉，以表现庄严、雄伟的气氛。与此相反，对于另一类建筑，如庭院建筑，则设计得比实际需要小一些，以形成一种亲切的尺度，使人们获得亲切、舒适的感受。①

三、建筑体形的组合和立面设计

（一）建筑体形组合

1. 体形组合

不论建筑体形的简单与复杂，它们都是由一些基本的几何形体组合而成，建筑体形基本上可以归纳为单一体形和组合体形两大类。在设计中，采用哪种形式的体形，应视具体的功能要求和设计者的意图来

① 潘智敏，曹雅娴，白香鸽．建筑工程设计与项目管理［M］．长春：吉林科学技术出版社，2019．

确定。

(1) 单一体形

所谓单一体形，是指整幢建筑物基本上是一个比较完整的、简单的几何形体。采用这类体形的建筑，特点是平面和体形都较为完整单一，复杂的内部空间都组合在一个完整的体形中。平面形式多采用对称的正方形、三角形、圆形、多边形。

绝对单一几何体形的建筑通常并不是很多的，往往由于建筑地段、功能、技术等要求或建筑美观上的考虑，在体量上作适当的变化或加以凹凸起伏的处理，用以丰富建筑的外形，如住宅建筑，可通过阳台、凹廊和楼梯间的凹凸处理，使简单的建筑体形产生韵律变化，有时结合一定的地形条件还可按单元处理成前后或高低错落的体形。

(2) 组合体形

所谓组合体形，是指由若干个简单体形组合在一起的体形。当建筑物规模较大或内部空间不易在一个简单的体量内组合，或者由于功能要求需要，内部空间组成若干相对独立的部分时，常采用组合体形。在组合体形中，各体量之间存在着相互协调统一的问题，设计中应根据建筑内部功能要求、体量大小和形状，遵循统一变化、均衡稳定、比例尺度等构图规律进行体量组合设计。组合体形通常有对称式组合和不对称式组合两种方式。

①对称式

对称式体形组合具有明确的轴线与主从关系，主要体量及主要出入口，一般都设在中轴线上。这种组合方式常给人以比较严谨、庄重、匀称和稳定的感觉。一些纪念性建筑、行政办公建筑或要求庄重一些的建筑常采用这种组合方式。

②非对称式

根据功能要求及地形条件等情况，常将几个大小、高低、形状不同的体量较自由灵活地组合在一起，形成不对称体形。非对称式的体形组合没有显著的轴线关系，布置比较灵活自由，有利于解决功能要求和技术要求，给人以生动、活泼的感觉。

2. 体量的连接

由不同大小、高低、形状、方向的体量组成的复杂建筑体形，都存在着体量间的联系和交接问题。如果连接不当，对建筑体形的完整性以及建筑使用功能、结构的合理性等都有很大影响，各体量间的连接方式多种多样。组合设计中常采用以下几种方式。

（1）直接连接

即不同体量的面直接相连，这种方式具有体形简洁、明快、整体性强的特点，内部空间联系紧密。

（2）咬接

各体量之间相互穿插，体形较复杂，组合紧凑，整体性强，较易获得有机整体的效果。

（3）以走廊或连接体连接

这种方式的特点是各体量间相对独立而又互相联系，体形给人以轻快、舒展的感觉。

（二）建筑立面设计

建筑立面是表示建筑物四周的外部形象，它是由许多构部件组成的，如门窗、墙柱、阳台、雨棚、屋顶、檐口、台基、勒脚等。建筑立面设计就是恰当地确定这些构部件的尺寸大小、比例关系、材料质感和色彩等，运用节奏、韵律、虚实对比等构图规律设计出体形完整，形式与内容统一的建筑立面。在立面设计中，应考虑实际空间的效果，使每个立面之间相互协调，形成有机统一的整体。

完整的立面设计并不只是美观问题，它与平面、剖面设计一样，同样也有使用要求、结构构造等功能和技术方面的问题，但是从建筑的平、立、剖面来看，立面设计中涉及的造型与构图问题，通常较为突出。

1. 立面的比例尺度处理

比例适当和尺度正确，是使立面完整统一的重要方面。立面各部分之间比例以及墙面的划分都必须根据内部功能特点，在体形组合的基础

上，考虑结构、构造、材料、施工等因素，仔细推敲、设计与建筑特性相适应的建筑立面效果。

立面尺度恰当，可正确反映出建筑物的真实大小，否则便会出现失真现象。建筑立面常借助于门窗形式反映建筑物的正确尺度感。

2. 立面虚实凹凸处理

一般建筑物的立面都由墙面、门窗、阳台、柱廊等组成，建筑立面中“虚”的部分是指窗、空廊、凹廊等，以虚为主的建筑立面会产生轻巧、开朗的效果，给人以通透感。“实”的部分主要是指墙、柱、屋面、栏板等，以实为主的建筑立面会造成封闭、沉重的效果，给人以厚重、坚实的感觉。根据建筑的功能、结构特点，巧妙地处理好立面的虚实关系，可获得轻巧生动、坚实有力的外观形象，若采用虚实均匀分布的处理手法，将给人以平静、安全的感受。

3. 立面的线条处理

建筑立面上由于体量的交接、立面的凹凸起伏、色彩和材料的变化以及结构与构造的需要，常形成若干方向不同、大小不等的线条，如水平线、垂直线等。恰当运用这些不同类型的线条，并加以适当的艺术处理，将对建筑立面韵律的组织、比例尺度的权衡带来不同的效果。立面的线条处理，任何线条本身都具有一种特殊的表现力和多种造型的功能。

从方向变化来看，垂直线具有挺拔、高耸、向上的气氛；水平线使人感到舒展与连续、宁静与亲切；斜线具有动态的感觉；网格线有丰富的图案效果，给人以生动、活泼而有秩序的感觉。从粗细、曲折变化来看，粗线条表现厚重、有力；细线条具有精致、柔和的效果。

4. 立面的色彩与质感处理

建筑物的色彩、质感是构成建筑形象表现力的重要因素，是建筑立面设计中的重要内容，了解和掌握色彩与质感的特点并能正确运用，也是极其重要的。色彩和质感都是材料表面的某种属性，建筑物立面的色彩与质感对人的感受影响极大，通过材料色彩和质感的恰当选择和配置，可产生丰富、生动的立面效果。不同的建筑色彩具有不同的表现力，不同的色彩给人以不同的感受，如暖色使人感到热烈、兴奋；冷色使人感到清晰、宁静；浅色给人以明快，深色又使人感到沉稳。一般说来，浅色或白色会产生明快清新的感觉；深色显得稳重；橙黄等暖色显得热烈；青、蓝、灰、绿等色显得宁静。运用不同色彩的处理，可以表现出不同建筑的特点及民族设计风格。

建筑立面的色彩设计包括对大面积墙面色调的选择和色彩构图等方面，设计中应注意以下问题。

(1) 基调色的选择应适应当地的气候条件。

(2) 色彩的运用应与周边环境、建筑相协调。

(3) 色彩的运用应与建筑的设计风格特征相一致。

(4) 色彩的运用考虑民族的传统文化和地域特征。

(5) 色彩处理应和谐统一且富有变化。

不同的材料会有不同的质感。质地粗糙的材料如天然石材和砖具有厚重及坚固感；金属及光滑的表面感觉轻巧、细腻。

立面处理应充分利用材料质感的特性，巧妙处理，加强和丰富建筑的表现力。

5. 立面的重点和细部处理

立面设计需重点考虑处理以下几点：比例与尺度处理，虚实与凹凸处理，线条处理，色彩与质感处理，重点与细部处理。建筑细部应重点处理视觉中心部位，如建筑物主要出入口；体现建筑物的风格特征、情趣和品位的部位，如阳台、橱窗、花格等；以及构成建筑轮廓线的部位，如建筑的檐口等。

在建筑立面设计中，根据功能和造型需要，对需要引起人们注意的一些部位，主要是指对建筑物某表面的门窗组织、比例与尺度、入口及细部处理、装饰与色彩等进行重点的设计。建筑立面是由许多部件组成的，这些部件包括门窗、墙柱、阳台、遮阳板、雨棚、檐口、勒脚、花饰等。立面设计就是恰当地确定这些部件的尺寸大小、比例关系以及材料色彩等，并通过形的变换、面的虚实对比、线的方向变化等求得外形

的统一与变化，以及内部空间与外形的协调统一。在推敲建筑立面时不能孤立地处理每个面，必须认真处理几个面的相互协调和相邻面的衔接关系，以取得统一，吸引人们的视线，同时也能起到画龙点睛的作用，以增强和丰富建筑立面的艺术效果。

第四章　现代建筑设计中的绿色建筑设计

第一节　绿色建筑概述

一、绿色建筑的概念与内涵

（一）绿色建筑的概念

根据联合国21世纪议程，可持续发展应具有环境、社会和经济三个方面内容。国际上对可持续建筑的概念，从最初的低能耗、零能耗建筑，到后来的能效建筑、环境友好建筑，再到近年来的绿色建筑和生态建筑，有着各种各样的提法。在这里将其归纳为：低能耗、零能耗建筑属于可持续建筑发展的第一阶段，能效建筑、环境友好建筑应该属于第二阶段，而绿色建筑、生态建筑可认为是可持续建筑发展的第三阶段。近年来，绿色建筑和生态建筑这两个词被广泛应用于建筑领域中，人们似乎认为这二者之间的差别甚小，其实不然，绿色建筑与居住者的健康和居住环境紧密相连，其主要考虑建筑所产生的环境因素；而生态建筑则侧重于生态平衡和生态系统的研究，其主要考虑建筑中的生态因素。还应注意，绿色建筑综合了能源问题和与健康舒适相关的一些生态问题，但这不是简单的一加一，因此绿色建筑需要采用一种整体的思维和集成的方法去解决问题。

关于绿色建筑，也可以理解为是一种以生态学的方式和资源有效利用的方式进行设计、建造、维修、操作或再使用的构筑物。绿色建筑的设计要满足某些特定的目标，如保护居住者的健康，提高员工的生产力，更有效地使用能源、水及其他资源以及减少对环境的综合影响等。绿色建筑涵盖了建筑规划、设计、建造及改造、材料生产、运输、拆除及回收再利用等所有和建筑活动相关的环节，涉及建设单位、规划设计单位、施工与监理单位、建筑产品研发企业和有关政府管理部门等。

绿色建筑概念有狭义和广义之分。以狭义来说，绿色建筑是在其设计、建造以及使用过程中节能、节水、节地、节材的环保建筑。以广义而言，绿色建筑是人类与自然环境协同发展、和谐共进，并能使人类可持续发展的文化。它包括持续农业、生态工程、绿色企业，也包括了有绿色象征意义的生态意识、生态哲学、环境美学生态艺术、生态旅游以及生态伦理学、生态教育等诸多方面。除了绿色建筑以外，生态节能建筑、可持续发展建筑、生态建筑也可看成和绿色建筑相同的概念，而智能建筑、节能建筑则可视为应用绿色建筑理念的一项综合工程。

当然，还有很多关于绿色建筑的观点，但归纳起来，绿色建筑就是让我们应用环境回馈和资源效率的集成思维去设计和建造建筑。绿色建筑有利于资源节约（包括提高能源效率、利用可再生能源、水资源保护），它充分考虑自身对环境的影响和废弃物最低化；它致力于创建一个健康舒适的人居环境，致力于降低建筑使用和维护费用；它从建筑及其构件的生命周期出发，考虑其性能和对经济、环境的影响。

（二）绿色建筑的内涵

绿色建筑是在城市建设过程中实现可持续理念的方法，需要有明确的设计理念、具体的技术支撑和可操作的评估体系。在不同机构、不同角度上，绿色建筑概念的侧重不同。

美国成立了美国绿色建筑协会，认为绿色建筑追求的是如何实现从建筑材料的生产、运输、建筑、施工到运行和拆除的全生命周期，建筑对环境造成危害总量最小，同时保证居住者和使用者有舒适的居住质量。最初的评估体系分为5个方面：合理的建筑选址、节水、能源和大气环境、材料和资源及室内环境质量。该标准成为绿色建筑实践与设计的有力推动者。

除了绿色建筑的可持续发展理念外，在建筑学领域也有“环境共生建筑”“绿色建筑”“节能省地型建筑”“健康建筑”等，它们在本质上都是在规划建筑领域对可持续发展思想的解读。

绿色建筑还被称为“生态建筑”“生态化建筑”。讨论与绿色建筑相关的名称有什么并不重要，重要的是确定归纳它们的内涵。以上的各种称谓中，其内涵有宽有窄，但主要涉及以下 3 个方面：第一，最大限度地减少对地球资源与环境的负荷和影响，最大限度地利用已有资源；第二，创造健康、舒适的生活环境；第三，与周围自然环境相融合。

综上所述，在绿色建筑内涵的表述中有两种倾向：其一倾向原则的罗列，像各种组织、各类国际会议提出的宣言、纲领等；其二倾向技术的罗列，多用绿色建筑涉及的技术解读绿色建筑的内涵。由此我们对绿色建筑的内涵进行如下解析。

1. 回应“环境”，确定绿色建筑

人类发展带来的环境生存压力催生了可持续发展的理念，同时政府、社会、专家学者的一致行动使之得以全方位实施。可持续发展源于环境问题，绿色建筑概念是对环境问题的回应。

（1）保护环境是绿色建筑的目标与前提，包括建筑物周边的小环境及城市和自然的大环境的保护。

（2）减小对环境的压力。绿色建筑追求降低环境负荷，如减少能耗、节约用水以及我国政府提出“节能、节地、节水、节材”的目标。绿色建筑的早期发展从节能出发，被称为“节能建筑”。

（3）充分利用能源与资源（包括水资源、材料等）如自然能源风能、水能、地热能、生物质能等可再生能源及资源的回收及利用。绿色建筑的早期也从自然能源的角度出发，曾被称为“太阳能建筑”。

（4）充分利用有限的环境因素，例如地势、气候、阳光、空气、水流等自然因素。

（5）解决环境问题污染的控制。

(6)强调人与环境和谐。绿色建筑强调与环境相融合。

2. 说明实施绿色建筑的方法与手段

绿色建筑成为城市建设领域实现可持续发展的方法与手段。

3. 解读绿色建筑与人的关系

绿色建筑有健康和舒适的结构布置、朝向、形状，室内空间布局合理，有良好的自然采光系统和充分的自然通风条件，宜人的周围环境，其内部与外部采取了有效连通的办法，能对气候变化自动调节。

4. 注重建筑活动的全过程

随着人类可持续发展战略的不断实践与创新，人们对绿色建筑内涵的理解也不断深化。人们对绿色建筑的研究范围已经从能源方面扩展到了全面审视建筑活动对全球生态环境、周边生态环境和居住者所生活的环境的影响，这是“空间”上的全面性；同时，这种全面性审视还包括“时间”上的全面性，即审视建筑的“全寿命”影响，包括原材料开采、运输与加工、建造、使用、维修、改造和拆除等各个环节。

二、绿色建筑的要素

(一)自然和谐

自然和谐是绿色建筑的又一本质特征。自然和谐，天人一致，宇宙自然是大天地，人则是一个小天地。天人相应，天人相通，人和自然在本质上是相通和对应的。人类为了让自身可持续发展，就必须使其各种活动，包括建筑活动及其结果和产物与自然和谐共生。

自然和谐同时也是美学的基本特性。只有自然和谐，才有美可言。美就是自然，美就是和谐。

绿色建筑就是要求人类的建筑活动顺应自然规律，做到人及其建筑与自然和谐共生。

（二）耐久适用

耐久适用是对绿色建筑最基本的要求之一。耐久是指在正常运行维护和不需要进行大修的条件下，绿色建筑物的使用寿命满足一定的设计使用年限要求（如不发生严重的风化、老化、衰减、失真、腐蚀和锈蚀等）。适用是指在正常使用条件下，绿色建筑物的功能和工作性能满足于建造时的设计年限的使用要求，如不发生影响正常使用的过大变形、过大振幅、过大裂缝、过大衰变、过大失真、过大腐蚀和过大锈蚀等；同时，也适合于一定条件下的改造使用要求（如根据市场需要，将自用型办公楼改造为出租型写字楼，将餐厅改造为酒吧或咖啡厅等）。即便是临时性建筑物也有这样的绿色化问题。

（三）低耗高效

低耗高效是绿色建筑的基本特征之一。这是一个全方位、全过程的低耗高效概念，是从两个不同方面来满足社会建设的基本要求。

绿色建筑要求建筑物在设计理念、技术采用和运行管理等环节上对低耗高效予以充分地体现和反映，因地制宜和实事求是地使建筑物在采暖、空调、通风、采光、照明、用水等方面在降低需求的同时高效地利用所需资源。

（四）节约环保

节约环保是绿色建筑的基本特征之一。这是一个全方位、全过程的节约环保概念，包括用地、用能、用水、用材等的节约与环保，这也是人、建筑与环境生态共存和社会建设的基本要求。

除了物质资源方面的有形节约外，还有时空资源等方面所体现的无形节约。例如，绿色建筑要求建筑物的场地交通要做到组织合理，选址和建筑物出入口的设置要方便人们充分利用公共交通网络，到达公共交通站点的步行距离不超过500m等。这不仅是一种人性化的设计问题，也是一个时空资源节约的设计问题。这就要求人们在构造绿色建筑物的时候要全方位、全过程地进行通盘的综合整体考虑。在绿色建筑里工作的人们，可以减少得病率，精神状况和工作心情得到改善，工作效率大幅提高。这也是另一种节约的意义。

（五）绿色文明

绿色文明实际上就是生态文明。绿色是生态的一种典型的表现形式，文明则是实质内容。

生态是指生物之间以及生物与环境之间的相互关系与存在状态，亦即自然生态。自然生态有着自在自为、新陈代谢、发展消亡和恢复再造的发展规律。人类社会认识和掌握了这些规律，把自然生态纳入人类可以适应和改造的范围之内，就形成了人类文明。文明是人类文化发展的成果，是人类认识、适应、关爱和改造世界的物质和精神成果的总和，是人类社会进步的标志。生态文明，就是人类遵循人、社会与自然和谐发展这一客观规律而取得的物质与精神成果的总和，是指以人与自然、人与人、人与社会和谐共生、良性循环、全面发展、持续繁荣为基本宗旨的文化伦理形态。

如果我们把农业文明称为“黄色文明”，工业文明称为“黑色文明”，那么生态文明就是“绿色文明”。因此，绿色文明注定成为绿色建筑的基本特征之一。

（六）健康舒适

健康舒适是随着人类社会的进步和人们对生活品质的不断追求而逐渐为人们所重视的，它是绿色建筑的另一基本特征，其核心是体现“以人为本”。目的是在有限的空间里提供有健康舒适保障的活动环境，全面提高人民生活工作环境品质，满足人们生理、心理、健康和卫生等方面的多种需求。这是一个综合的整体的系统概念，如空气、风、水、声、光、温度、湿度、地域、生态、定位、间距、形状、结构、围护和朝向等要素均要符合一定的健康舒适性要求。

（七）科技先导

科技先导是绿色建筑的又一基本特征。这也是一个全面、全程和全方位的概念。绿色建筑是建筑节能、建筑环保、建筑智能化和绿色建材等一系列实用高新技术因地制宜、实事求是和经济合理的综合整体化集成，绝不是所谓的高新科技的简单堆砌和概念炒作。科技先导强调的是要将人类的科技实用成果恰到好处地应用于绿色建筑，也就是追求各种科学技术成果在最大限度地发挥自身优势的同时使绿色建筑系统作为一个综合有机整体的运行效率和效果最优化。我们对建筑进行绿色化程度的评价，不仅要看它运用了多少科技成果，而且要看它对科技成果的综合应用程度和整体效果。

（八）安全可靠

安全可靠是绿色建筑的另一基本特征，也是人们对作为其栖息活动场所的建筑物的最基本要求之一，因此也有人认为，人类建造建筑物的目的就在于寻求生存与发展的“庇护”，这也反映了人们对建筑物建造者的人性与爱心和责任感与使命感的内心诉求。

安全可靠的实质是崇尚生命。所谓安全可靠是指绿色建筑在正常设计、正常施工和正常运用与维护条件下能够经受各种可能出现的作用和环境条件，并对有可能发生的偶然作用和环境异常仍能保持必需的整体稳定性和工作性能，不致发生连续性的倒塌和整体失效。对安全可靠的要求要贯穿建筑生命的全过程，不仅要在设计中考虑建筑物安全可靠的方方面面，还要将有关注意事项向相关人员予以事先说明和告知，使建筑在其生命周期内具有良好的安全可靠性及保障措施和条件。

绿色建筑的安全可靠性不仅是对建筑结构本体的要求，也是对绿色建筑作为一个多元绿色化物性载体的综合、整体和系统性的要求，同时还包括对建筑设施设备及其环境等的安全可靠性要求（如消防、安防、人防、私密性、水电和卫生等方面的安全可靠）。[①]

第二节 绿色建筑设计的原则、内容与方法

一、绿色建筑设计的原则

绿色建筑的设计包含两个要点：一是针对建筑物本身，要求有效地

① 张晶，郎玉成．艺术设计史［M］．沈阳：辽宁美术出版社，2018.

利用资源，同时使用环境友好的建筑材料；二是要考虑建筑物周边的环境，要让建筑物适应本地的气候、自然地理条件。

绿色建筑设计除满足传统建筑的一般设计原则外，尚应遵循可持续发展理念，即在满足当代人需求的同时，应不危及后代人的需求及选择生活方式的可能性。具体在规划设计时，应尊重设计区域内土地和环境的自然属性，全面考虑建筑内外环境及周围环境的各种关系。

（一）环境友好原则

建筑领域的环境包括两层含义：其一，设计区域内的环境，即建筑空间的内部环境和外部环境，也可称为室内环境和室外环境；其二，设计区域的周围环境。

1. 室内环境品质

考虑建筑的功能要求及使用者的生理和心理需求，努力创造优美、和谐的，安全、健康、舒适的室内环境。

2. 室外环境品质

应努力营造出阳光充足、空气清新、无污染及无噪声干扰，有绿地和户外活动场地，有良好的环境景观的健康安全的环境空间。

3. 周围环境影响

尽量使用清洁能源或二次能源，从而减少因能源使用而带来的环境污染；同时，规划设计时应充分考虑如何消除污染源，合理利用物质和能源，更多地回收利用废物，并以环境可接受的方式处置残余的废弃物。选用环境友好的材料和设备。采用环境无害化技术，包括预防污染的少废或无废的技术和产品技术，同时也包括治理污染的末端技术。要充分利用自然生态系统的服务，如空气和水的净化、废弃物的降解和脱毒、局部调节气候等。

（二）地域性原则

地域性原则包括以下三个方面的含义。

1. 尊重传统文化和乡土经验，在绿色建筑的设计中注意传承和发扬地方历史文化。

2. 注意与地域自然环境的结合，适应场地的自然过程。设计应以场地的自然过程为依据，充分利用场地中的天然地形、阳光、水、风及植物等，将这些带有场所特征的自然因素结合在设计之中，强调人与自然过程的共生和合作关系，从而维护场所的健康和舒适，唤起人与自然的天然的情感联系。

3. 当地材料的使用，包括植物和建材。乡土物种不但最适宜在当地生长，管理和维护成本相对低，还因为物种的消失已成为当代最主要的环境问题，所以保护和利用地方性物种也是对设计师的伦理要求。本土材料的使用，可以减少材料在运输过程中的能源消耗和环境污染。

二、绿色建筑设计的内容与方法

（一）绿色建筑设计的内容

所谓绿色化和人性化设计理念就是按照生态文明和科学发展观的要求，体现可持续发展的精神和设计观念。绿色化要求反映绿色建筑的基本要素，人性化则要求以人为本来体现绿色建筑的基本要素。人性化设计理念强调的是将人的因素和诉求融入建筑的全寿命周期中，体现人、自然和建筑三者之间高度的和谐统一，如尊重和反映人的生理、心理、精神、卫生、健康、舒适、文化、传统、习俗和信仰等方面的需求。因此，绿色建筑的设计内容远多于传统建筑的设计内容。绿色建筑设计是一种全面、全程、全方位、联系、变化、发展、动态和多元绿色化的设计过程，是一个就总体设计目标而言，按轻重缓急和时空上的次序先后，不断地发现问题、提出问题、分析问题、分解成具体问题、找出与具体问题密切相关的影响要素及其相互关系，针对具体问题制定具体的设计目标，围绕总体的和一个个具体的设计目标进行综合的整体构思、创意与设计的相互渗透和多次反复循环的创造性脑力与体力劳动过程。根据目前我国绿色建筑发展的实际情况，一般来说其设计内容可概括为如下三个主要方面。

1. 综合设计

所谓综合设计是指技术经济绿色一体化综合设计，就是以绿色化设计理念为中心，在满足国家现行法律法规和相关标准的前提下，在进行技术的先进可行和经济的实用合理的综合分析的基础之上，结合国家现行有关绿色建筑标准，按照绿色建筑要求对建筑所进行的包括空间形态与生态环境、功能与性能、构造与材料、设施与设备、施工与建设、运行与维护等方面内容在内的一体化综合设计。

2. 整体设计

所谓整体设计是指全面全程动态人性化整体设计，就是在进行综合设计的同时以人性化设计理念为核心把建筑当作一个全寿命周期的有机整体来看待，把人与建筑置于整个生态环境之中，对建筑进行的包括节地与室外环境、节能与能源利用、节水与水资源利用、节材与材料资源利用、室内环境质量和运营管理等方面内容在内的人性化整体设计。

3. 创新设计

所谓创新设计是指具体求实灵活个性化创新设计，就是在进行综合设计和整体设计的同时，以创新型设计理念为指导把每一个建筑项目都当作一个独一无二的生命有机体来对待，因地制宜、因时制宜、实事求是和灵活多样地对具体建筑进行具体分析，进行人性化创新设计。创新是设计的灵魂，没有创新就谈不上真正的设计。创新是建筑及其设计充满生机与活力永不枯竭的动力和源泉。

显然，传统的建筑设计基本原则是适应不了绿色建筑设计要求的。进行绿色建筑设计必须遵循新的绿色建筑设计基本原则。

（二）绿色建筑设计的方法

1. 强调因地制宜

充分考虑建筑场地的环境条件，让城市的历史文脉、自然地理特征得以沿袭。

在项目的规划与总图设计阶段，选址和保护周围环境是绿色建筑设计的主要内容，同时还要注意对当地历史和传统文化生活方式的讨论。在城市规划阶段，生态控制论的技术方法可以有效地提高规划的质量。

在设计阶段，无论是生物气候设计还是生物气候缓冲层的设计策略，都强调应用被动设计的方法来解决建筑节能和建筑通风。这种被动设计方法包括一些仿生建筑的设计，极大地影响着建筑的形态，比如建筑的朝向、几何形状、外围护的材料与色彩等。当然因地制宜还体现在设计中重视对当地建筑材料和太阳能、风能等资源的利用。

建筑与地域文化是当前建筑创作讨论中的一大热点话题，更多的是强调场所的重要性，提倡的是重视当地气候条件、材料、地域资源和社会文化的建筑创作，应该说因地制宜的绿色设计的原则与建筑地方多样性的创作是殊途同归的。

2. 强调整体环境的设计方法

从全球环境与资源出发，应用经济可行的各种技术和建筑材料，构筑一个建筑全寿命周期的绿色建筑体系。

3. 应用高技术和优质的材料，就要应用寿命周期评价方法予以权衡，进行技术选择

目前欧美应用的高技术绿色建筑设计方法往往和智能建筑设计相结合。按欧洲智能集团对智能建筑的理解是：使其用户发挥最高效率，降低保养成本和最有效地管理其建筑本身的资源。这和绿色设计的理念是一致的。智能建筑的系统集成方法在改善建筑能源和室内环境的设计中，往往采用主动式设计方法，尽管要花费较大的成本，但从建筑全寿命周期来评估，经济上还是可行的。当然很多常规技术依然被大量使用，而且是行之有效的。

4. 建筑的全寿命周期设计方法

该方法对于建筑设计的要求不再仅仅是三维空间效果的创作，而是对于建筑的节能、通风、采光以及环境影响等的评估、预测难度更大了，应用计算机模拟与计算要求更高了。这方面的技术还有待进一步开

发，使其进入简便、实用的阶段。

5. 建筑技术与建筑艺术创作

现代建筑最大的发展就是现代科学思维在设计中的融入和新材料、新技术在建筑中的应用。而绿色建筑设计对建筑设计的思维又是一个革命性的变化，体现生态的美学价值。绿色设计要求建筑的形式和功能的自然亲和，特别是一些高技术的引入，又能够使人的体验充满智力的感受。

走可持续发展的道路是建筑师的核心责任。建筑设计对推行绿色建筑至关重要。改变创作理念，利用现代科技手段实现精细化设计是必由之路。绿色建筑并不仅仅满足节水、节地、节能、空气污染的几个指标，还一定要满足个性化设计的要求。因此，从总体规划到单体设计的全过程必须从地域性、经济性和阶段性出发选择适宜的技术路线。

6. 个性化的定性分析中地域性特点和项目自身的特点是很重要的两个因素

在夏热冬暖地区（南方地区），遮阳和自然通风对节能的贡献率大于围护结构的保温隔热，这与北方地区非常关注体形系数和围护结构的热工性能有着不完全相同的技术路线。同样为住宅项目，别墅类项目的重心是提高舒适度下的资源高效利用，对温湿度控制、室内空气品质、热水供应等的要求很高，往往有条件使用多种新材料、新设备，能承受较高的运行管理费用；而经济适用房强调的是以较低成本满足使用需求并降低运行管理费用，因此会在节能、节水、节材、节地等方面采用不同的设计方法和技术措施。

7. 加强环境绿化

绿化可以创造空间、美化环境、营造良好的生活氛围。建筑设计中可用绿化覆盖地面。由于绿地有大量水分蒸发，往往可以制造比较凉爽、舒适的环境；高大的乔木在地面上形成了较大面积树荫，减少路面吸热，绿化可净化空气，提高空间的含氧量。将绿化量化标准引入设计规范，注意环境绿化，创造出良好的区域微气候。设计中的立体绿化包括墙面绿化、屋顶绿化和阳台绿化，可以用绿色爬藤阻挡强烈阳光直射在外墙上，降低外墙面温度，保证室内温度的稳定性。屋顶绿化采用蓄水覆土种植，屋面上种植花草和低矮灌木，可形成空中花园。在炎热的夏季，可使屋面免遭阳光直射，形成适宜的室内温度。

第五章　现代建筑设计的发展趋势

第一节　生态建筑仿生设计

一、生态建筑仿生设计的产生与分类

（一）建筑仿生设计的产生

建筑仿生是建筑学与仿生学的交叉学科。为了适应生产的需要和科学技术的发展，20世纪五六十年代，生物学被引入各行各业的技术革新，而且首先在自动控制、航空、航海等领域取得了成功，生物学和工程技术学科结合渗透从而孕育出一门新生的学科—仿生学。在建筑领域里，建筑师和规划师也开始以仿生学理论为指导，系统地探索生物体的功能、结构和形象，使之在建筑方面得到更好的利用，由此产生了建筑仿生学。这门学科包含了众多子学科，如材料仿生学、仿生技术学、都市仿生学、建筑仿生细胞学和建筑仿生生态学等。建筑仿生学将建筑与人看成统一的生物体系—建筑生态系统。在此体系中，生物和非生物的因素相互作用，并以共同功能为目的而达到统一。它以生物界某些生物体功能组织和形象构成规律为研究对象，探寻自然界中科学合理的建造规律，并通过这些研究成果的运用来丰富和完善建筑的处理手法，促进建筑形体结构以及建筑功能布局等的高效设计和合理形成。

建筑仿生设计是建筑仿生学的重要内容，是指模仿自然界中生物的形状、颜色、结构、功能、材料以及对自然资源的利用等而进行的建筑设计。它以建筑仿生学理论为指导，目的在于提高建筑的环境亲和性、适应性、对资源的有效利用性，从而促进人类和其生存环境间的和谐。

在建筑仿生设计中，结合生物形态的设计思想来源深远，与建筑史有着紧密的联系，它为建筑师提供了一种形式语言，使建筑能与大众沟通良好，更易于接受，满足人们追求文化丰富性的需求。建筑仿生设计还暗示着建筑对自然环境应尽的义务和责任，一栋造型像自然界生物或是外观经过柔和处理的建筑，要比普通的高楼大厦或是方盒子建筑更能体现对环境的亲和，提醒人们对自然的关心和爱护。[①]

（二）建筑仿生设计的分类

建筑仿生设计一般可分为造型仿生设计、功能仿生设计、结构仿生设计、能源利用和材料仿生设计等四种类型。造型仿生设计主要是模拟生物体的形状颜色等，是属于比较初级和感性的仿生设计。功能仿生设计要求将建筑的各种功能及功能的各个层面进行有机协调与组合，是较高级的仿生设计。这种设计要求我们在有限的空间内高效低耗地组织好各部分的关系以适应复合功能的需求，就像生物体无论其个体大小或进化等级高低，都有一套内在复杂机制维持其生命活动过程一样。建筑功能仿生设计又可分为平面及空间功能静态仿生设计、构造及结构功能动态仿生设计、簇群城市及新陈代谢仿生设计等。结构仿生设计是模拟自然界中固有的形态结构，如生物体内部或局部的结构关系。结构仿生设计是发展得最为成熟且广泛运用的建筑仿生分支学科。目前已经利用现代技术创造了一系列崭新的仿生结构体系。能源利用和材料仿生是建筑仿生设计的新方向，由于生态建筑特别强调能源的有效利用和材料的可循环再生利用，因此它是建筑仿生设计未来的方向。

二、生态建筑仿生设计的原则和方法

（一）建筑仿生设计的原则

1. 整体优化原则

许多在仿生建筑设计上取得卓越成就的建筑师在设计中都非常强调

① 姜峰，卜刚，李卉森．现代建筑结构设计的技巧研究［M］．哈尔滨：北方文艺出版社，2022．

整体性和内部的优化配置。

2. 适应性原则

适应性是生物对自然环境的积极共生策略，良好的适应性保证了生物在恶劣环境下的生存能力。北极熊为适应天寒地冻的极地气候，毛发浓密且中空，高效吸收有限的太阳辐射，并通过皮毛的空气间层有效阻隔了体表的热散失。仿造北极熊皮毛研制的“特隆布墙”被广泛地运用于寒冷地区的向阳房间，对提升室内温度有良好的效果。

3. 多功能原则

建筑被称为人的第三层皮肤，因此它的功能应当是多样的，除了被动保温，还要主动利用太阳能；冬季防寒保温，夏季则争取通风散热。生物气候缓冲层就是一种典型的多功能策略，指的是通过建筑群体之间的组合、建筑实体的组织和建筑内部各功能空间的分布，在建筑与周围生态环境之间建立一个缓冲区域，在一定程度上缓冲极端气候条件变化对室内的影响，起到微气候调节的作用。

（二）建筑仿生设计的方法

1. 系统分析

在进行仿生构思时，首先要考虑自然环境和建筑环境之间的差别。自然界的生物体虽是启发建筑灵感的来源，却不能简单地照搬照抄，应当采用系统分析的方法来指导对灵感的进一步研究和落实。系统分析的方法来源于现代科学三大理论之一——系统论。系统论有三个观点：①系统观点，就是有机整体性原则；②动态观点，认为生命是自组织开放系统；③组织等级观点，认为事物间存在着不同的等级和层次，各自的组织能力不同。元素、结构和层次是系统论的三要素。采用系统分析的方法不仅有助于我们对生物体本身特性的认识与把握，同时使我们从建筑和生物纷繁多变的形态下抓住其共同的本质特征，以及结构的、功能的、造型的共同之处。

2. 类比类推

类比方法是基于形式、力学和功能相似基础上的一种认识方法，利用类比不仅可在有联系的同族有机体中得出它们的相似处，也可从完全不同的系统中发现它们具有形式构成的相似之处。一栋普通的建筑可以看成生命体，有着内在的循环系统和神经系统。运用类比方法可得出人类建造活动与生物有机体间的相似性原理。

3. 模型试验

模型试验是在对仿生设计有一定定性了解的基础上，通过定量的实验手段将理论与实践相结合的方式。建立行之有效的仿生模型，可以帮助我们进一步了解生物的结构，并且在综合建筑与生物界某些共同规律的基础上，开发一种新的创作思维模式。

三、生态造型仿生设计

在大自然当中有许多美的形态，如色彩、肌理、结构、形状、系统，不仅给我们视觉的享受，还有来自大自然的形态模仿给予我们的启发。建筑师们对自然景观形态的认识，不断地丰富着建筑的艺术造型，因为住房环境需求在不断地提升和变化，建筑造型的要求也在不断地增加，对自然界的美丽形态进行观察和利用，大自然拥有建筑造型取之不竭的资源，进而我们的生活和大自然之间的联系就更加的紧密。

（一）仿生建筑的艺术造型原理

有一些鸟使用草和土来建造鸟巢的方式和很多民族建筑的风格相似。建筑学家盖西认为造型形态体现的方式就是聚合、连接、流动性、对称、透明、凹陷、中心性、重复、覆盖、辐射、附加、分开和曲线等。

1. 流动性

这是动态的曲线与自然界之间的密切联系。例如，在动物进行筑巢的时候，更加倾向曲线的外形。这就体现出动物们出于本能地将其内部的空间和其活动与生活习性之间的结合。这种运动和空间之间的联系，就注定了不同物种在构建隐身的地方有丰富的曲线，就像日本的京都音乐厅，由曲线来制作玻璃幕墙，可以说是曲线建筑的代表之作。

2. 放射性

这就和辐射感类似，由中心圆辐射不完整的线条。例如，叶脉和植物中叶片的线条、鸟类的尾部和双翼、孔雀开展的屏。在很大程度上都对建筑组合和建筑装饰造成了影响。美国的克莱斯勒大厦屋顶的装饰，就是运用了辐射建筑的装饰方式，美的广泛性原则，就是能够体现出建筑形态和自然形态的相似性，能够对建筑物模仿生物艺术造型的必要性进行充分的体现。

3. 循环普通的规律和原理

一个建筑物的设计，不管是其形式美，还是功能建筑与自然界许多生物相似。在自然界当中很多物种为了能够生存下去就需要对自身的美进行展示，展示其形态和绚丽色彩。因此，能够辩证地认为“真”和“美”的关系就是“功能和形态”的关系。在建筑进行仿生设计的时候，功能和形态结构也有着相似的关联，生物体当中的支撑结构功能和建筑物当中的支撑部分功能是一致的。一般的支撑结构需要符合美学功能相同的需求，只有使用合理，拥有正常的生态功能，仿生建筑结构的美感才可以得到真正地体现，实现“真”和“美”的和谐。

如今的社会发展迅速，越来越多的人整天游走于繁忙的工作中，人们面临巨大的生活与工作压力，人们渴望山川，渴望河流，渴望与大自然的亲密接触，所以仿生建筑应运而生，并迅速地获得了人们的欢迎。仿生建筑的造型设计来源于自然与生活，通过对自然界中各种生物的形态特性等进行研究，在考虑相应自然规律的基础上进行设计创新，进而使得整个仿生建筑与周围环境能够实现很好的融合，也能保证仿生建筑的相应性能，还能满足人们对于自然的追求与向往。

（二）仿生建筑造型设计的类型

1．形态仿生的建筑造型设计

所谓形态仿生指的是从各种生物的形态方面，大到生物的整体，小至生物的一个器官、细胞乃至基因来进行生物的形态模拟。这种形态仿生的建筑造型设计是最基本的仿生建筑造型设计方法，也是最常见、最简便的仿生建筑造型设计方法。这种形态仿生的造型设计有很多的优点，一方面由于设计外形取材于生物，所以能够很好地与周围的环境融为一体，成为周围环境的一种点缀，弥补了水泥建筑的不足，而且某些形态设计能很好地反映出建筑的功能，给人一种舒适感。另一方面，建筑设计仿造当地特有的植物或者动物形态，对当地的环境人文特色等有很好的宣传作用，能够让人从建筑中感受到这个地方的自然之美与神秘，继而带动当地旅游等产业的发展。

2．结构仿生的建筑造型设计

所谓的结构仿生既包括通常所提到的力学结构，还包括通过观察生物体整体或者部分结构组织方式，找到与建筑构造相似的地方，进而在建筑设计中借鉴使用。生物体的构造是大自然的奇迹，其中蕴含着许多人类想象不到的完美设计，通过借鉴生物体自身组织构造的一些特点，可以解决我们在建筑造型设计中无法克服的难题，实现更好的设计效果，更好地保障建筑的性能。

3．概念仿生的建筑造型设计

概念仿生的建筑造型设计就是一种抽象化仿生造型设计，这种设计方法主要是通过研究生物的某些特性来获得内在的深层次的原因，然后对这些原因进行归纳总结上升为抽象的理论，然后将其与建筑设计相结合，成为建筑造型设计的指导理论。

（三）仿生建筑造型设计的原则

1．整体优化原则

仿生建筑的造型设计相对于传统的建筑造型而言，具有新颖、独特、创新等特点。这也是仿生建筑造型设计的建筑家们所追求的结果，他们旨在创新一种全新的建筑造型设计，突破以往传统建筑的造型设计，改变传统建筑造型的不足，给人一种耳目一新的感觉。这种追求无可厚非，但是设计不只是追求创新就可以的，要以建筑的整体优化为根本，如果建筑的造型过于突兀，与整个建筑显得格格不入，那这个建筑的造型设计就是失败的，因此仿生建筑造型设计在追求创新的同时，一定要保证建筑的整体得到优化。

2. 融合性原则

所谓的融合性原则指的是建筑的造型设计要与周围的环境相互融合，不能使整个建筑与周围的环境相差太大、格格不入。就像生物也要与环境相融合一样，借鉴生物外形、特性等设计的建筑造型，也一定要与周边的环境相互融合、相互映衬，才能保证建筑存在的自然性，就像建筑本就是环境中自然存在的一般，给人一种和谐统一的感觉，而不是像在原始森林中见到高楼大厦的那种惊恐感。有很多的建筑都很好地体现了这种融合性的原则，使得建筑的存在浑然天成。

3. 自然美观原则

仿生建筑的造型设计无论如何地追求创新，最终的目的都是设计出自然的、美观的、给人带来舒适感的建筑。首先，仿生建筑的造型设计取材于大自然的各种生物形态等，具备自然的特性是必需的。其次，美观也是建筑造型设计所必须具备的，谁也不喜欢丑陋的建筑造型，美观的建筑造型设计可以给人一种心灵上的愉悦感，使人心情舒畅。

（四）仿生建筑的艺术造型方式

对仿生两字进行字面上的分析就是对生物界规律进行模仿，所以仿生建筑艺术造型的方式应该来源于形态缤纷的大自然。我们经过对奇妙的自然认识以后，通过总结和归纳，把经验使用在建筑的设计上，仿生建筑艺术的造型方式能够定义成形象的再现（具象的仿生）以及形态的重新创新（抽象的转变）两种形态。

1. 形象的再现

具象的模仿属于形象的再现，这其实就是对自然界一种简单的抄袭，我们对自然形态进行简单的加工和设计以后使用在建筑的造型上，就会有一种很亲切的形象感觉，这是由于形态很自然。将仿生建筑的具象模仿由两个角度来进行定义，分成建筑装饰模仿以及建筑整体造型的模仿。

2．对形态进行重新创新

对形态进行重新创新，就是由抽象的变化，经过自然界的形态加工形成的，但是这只不过是通过艺术抽象的转变，并且将其使用在建筑造型的设计当中，和具象模仿的方式进行比较，经过抽象的变换，得到的建筑造型特色以及韵味就会更强，这也是常见的使用仿生方式的一种。与此同时，应该要求建筑设计者审美、创新和综合能力具有一个比较高的水平，能够对自然形态合理地进行艺术抽象处理，成为独具特色的有机建筑造型。对自然和建筑的和谐进行追求，自然形态和建筑艺术造型相融合。

仿生形态具有非常丰富的语言，在自然界当中有着很多形态结构使仿生设计拥有独特性，这种独特性对设计的形式语言进行了丰富，无形、有形的规律使得建筑的设计语言更加独特和丰富。经过上面的论述，我们知道仿生设计在景观的设计当中运用的前景是非常关键的，仿生设计元素在景观设计当中广泛地运用是使景观艺术能够更加丰富，能对景观设计的可持续发展进行促进。大自然是我们人类最好的导师，在景观的设计当中应该对生态的原则进行尊重、对生命的规律进行遵循，把科学自然合理的，最经济的效果使用在景观的设计当中，这是对人类艺术和技术不断的融合和创造，也是我们对城市、自然和谐共处美好的向往。[①]

（五）仿生建筑造型设计的发展方向

1．符合自然规律

仿生建筑的造型设计是从自然界的生物中获得灵感，来进行造型创

① 魏颖旗，张敏君，王淼．现代建筑结构设计与市政工程建设［M］．长春：吉林科学技术出版社，2022．

新。但在对仿生建筑进行造型设计时，并不是随心所欲的，一定要符合相应的自然规律。很多仿生建筑的造型设计新颖美观，但违背了自然规律，使得相应的建筑在安全性能上存在重大的问题，严重影响了建筑的整体。现在的仿生建筑的造型设计还大多停留在图纸上，投入实践的还为数不多，经验积累也不够。因此未来的仿生建筑的造型设计一定要积极地观察相应的自然规律，然后进行图纸设计，设计施工，使建成的仿生建筑在符合自然规律的前提下实现创新。

2. 符合地域特征

建筑是固定存在于某个地方的，是不能随意移动的。各地的自然地理、文化、经济等条件等都各不相同，各有自己的特征，因此在仿生建筑的造型设计上自然也要有所区别，使仿生建筑的造型设计可以体现出当地的各种特征来，才能与当地的环境更好地相互融合。就像传统的建筑造型设计一样，老北京的四合院、陕西的窑洞等，不断兴起的仿生建筑也要有自己独特的符合地域特征的造型设计，使得整个设计在满足当地地理人文的同时，又可以对当地有很好的宣传作用，成为各个区域的象征。

3. 要与环境相和谐

建筑设计讲究“天人合一”，仿生建筑也不例外。在进行仿生建筑的造型设计时一定要观察考虑周边的环境特征，使整个造型设计与周边的环境能够实现很好的统一，这也是仿生建筑造型设计融合性原则的要求。要想使整个建筑不突兀，就必须重视建筑周边的自然环境，更何况是仿生建筑。仿生建筑要想更好地发展，就必然使其造型设计朝着与环境相和谐统一的方向不断地发展创新。

仿生建筑是未来建筑行业重点发展的方向，我们在经济发展的同时，越来越关注自然与环境的发展。因此积极地做好仿生建筑造型设计的发展创新十分重要。在仿生建筑的造型设计上坚持整体优化、相互融合、自然美观等原则，从观察大自然的过程中不断完成仿生建筑造型设计的形态仿生、结构仿生、概念仿生，使得仿生建筑的造型设计取材于自然，又与自然很好地融合在一起，实现仿生建筑基本性能的同时，又使其与自然环境实现和谐统一。

四、生态结构仿生设计

如今，社会在蓬勃发展，人们早已不再满足于吃饱穿暖的阶段，对物质和审美的需求日渐高涨，建筑的意义不再只是单纯的遮风挡雨，同时还得兼具美观与实用价值。因此，结构仿生在大跨度建筑设计中的重要性不言而喻。

（一）结构仿生

1. 结构仿生的概念

了解结构仿生的概念，首先要先了解仿生学的概念。仿生学一词是由美国斯蒂尔根据拉丁文“bios”（生命方式的意思）和字尾“nlc”（“具有……的性质”的意思）构成的。斯蒂尔在1960年提出仿生学概念，到1961年才开始使用。他指出“某些生物具有的功能迄今比任何人工制造的机械都优越得多，仿生学就是要在工程上实现并有效地应用生物功能的一门学科”。结构仿生是通过研究生物机体的构造，建造类似生物体或其中一部分的机械装置，通过结构相似实现功能相近。结构仿生中分为蜂巢结构、肌理结构、减粘降阻结构和骨架结构四种结构类型。

2. 结构仿生的发展

仿生学的提出虽然不算早，但是它的发展大概可以追溯到人类文明早期，早在公元8000多年前，就有了仿生的出现。人类文明的形成过程有许多对仿生学的应用，例如，在石器时代就有用大型动物的骨头作为支架，动物的皮毛做外围避寒而用的简易屋棚。这就是最早以动物本身为仿生对象的结构仿生。只是那时候的仿生只是简单停留在非常原始的阶段，由于生存环境的恶劣，人类只能模仿周围的动物或者从自然界已有的事物中获取技巧，以此保证基本的生存。因此，从古代起，人们已经在不知不觉中学习了仿生学，并加以利用。

随着现代科学技术的不断进步，仿生学的概念也被不断完善和改进，逐步形成系统的仿生学体系。本质上看，仿生学的产生是人类主动学习意识下的产物。它给人类带来了创新的理念与学以致用的方法。使人类以不同的视角看世界，发现未曾发现的事物，实现科学技术的原始创新，这是其他科学不具备的先天优势。

从古至今，人类一直在探索自然中的奥秘，自然界是人类各种技术思想、工程原理及重大发明的源泉，为人类的进步提供灵感和依据。20世纪60年代，仿生学应运而生，仿生学一直是人类研究的热门，仿生方法也一直为各个行业，各个领域所用。在仿生学的影响下，各类仿生建筑层出不穷。

至今仿生学已经有了长足进步，生物功能不断地与尖端技术融合，应用于各个领域，仿生方法在建筑结构设计中的应用颇为广泛。

（二）大跨度建筑

所谓大跨度建筑，就是横向跨越60m以上空间的各类结构形式的建筑。而大跨度建筑这种结构多用于影剧院、体育馆、博物馆、跨江河大桥、航空候机大厅及生活中其他大型公共建筑，工业建筑中的大跨度厂房、汽车装配车间和大型仓库等等。大跨度建筑又分为：悬索结构、折板结构、网架结构、充气结构、膨胀张力结构、壳体结构等。

当今大跨度建筑除了用于方便日常生活外，更多作用是作为一个地方的地标性建筑。这就需要在建筑结构上要能展现本地的特色，但又不能过分追求标新立异。大跨度建筑因为建筑面积过大，耗时较长，除了对结构技术有更高的要求外，也需要设计师对建筑造型的优劣做出准确的定位。

由此可见，我们不难看出仿生结构在大跨度建筑设计中具有优势。仿生结构模式在大跨度建筑设计中还有很大的发展空间。要充分利用这一优势，将越来越多的结构仿生运用到大跨度建筑当中去，将艺术与生活结合在一起，设计出更多兼具审美与实用兼顾的建筑物。虽然结构仿生建筑设计方面的研究颇多，但是结构仿生建筑设计的系统仍然不够完善。并且生物界与我们的社会还是存在一定的差距，有很多的仿生结构虽然很理想，可是真正应用到人类社会中还是存在诸多不利因素。不过我相信，随着科学与社会的不断进步，人类与自然生物的不断接触和探索，结构仿生在大跨度建筑设计中一定会有更为广阔的发展空间与发展前景。

（三）在大跨度的建筑设计中结构仿生的表征

1. 形态设计

结构仿生有着多样性、高效性、创新性等特点，能够满足建筑形态对于设计的要求，是形态进行设计的一个选择。例如在里昂的机场和火车站就属于一个例子。各种建筑构件和生物原型有着一定的并且相似性，并且通过材料与形态的变化，起到引导人群的作用，把旅行变成了一种令人难忘的体验。

2. 结构设计

因为大跨度的建筑设计，其跨度比较大，空间的形态较为多变，通常需要使用到许多的结构形式，因此，结构设计在大型的公共建筑设计中属于重要的部分，其在很大程度上决定了建筑设计的效果。对于大自然的结构形态进行研究，是满足建筑结构设计的有效途径。将微生物、动植物、人类自身作为原型，能够对于系统结构性质进行分析，借鉴多种不同的材料组合以及界面的变化，使用结构仿生的原理，对于建筑工程结构支撑件做仿生方面的设计，能够对于功能、结构、材料进行优化配置，可以有效地提高建筑施工结构的效率，降低工程施工的成本，对于大跨度建筑有着十分重要的作用。

3. 节能设计

结构仿生方法指的是通过模拟不同生物体控制能量输出输入的手段，对于建筑能量状况进行有效地控制。和生物类似，建筑可以有效适应环境，顺应环境自身的生态系统，起到节能减耗的效果。充分地开发并且利用自身环境中的自然资源，例如风能、地热、太阳能、生物能等，形成有效的自然系统，获得通风、供热、制冷、照明，在最大程度上减少人工的设施。使其具备自我调节、自我诊断、自我保护或维护、自我修复、形状确定、自动开关等功能。和这个类似，建筑也能够有着生命体的调整、感知、控制的功能，精确适应建筑结构外界环境与内部状态的变化。建筑应该有反馈功能、信息积累功能、信息识别功能、响应性、预见性、自我维修功能、自我诊断功能、自动适应以及自动动态平衡功能等，有效进行自我调节，主动顺应环境的变化，起到节能减耗的效果。

（四）结构仿生方法的应用

现阶段，结构仿生应用主要体现在三个方面，包含了仿生材料的研究、仿生结构的设计以及仿生系统的开发。

1. 仿生材料的研究

仿生材料的研究在结构仿生中属于一个重要的分支，指的是从微观的角度上对于生物材料自身的结构特点、构造存在的关系进行研究，从而研发相似的或者优于生物材料的办法。仿生材料的研究可以给人们提供具有生物材料自身优秀性质的材料。因为在建筑领域，对于材料的强度、密度、刚度等方面有着比较高的要求，而仿生材料满足了这种要求，因此，仿生材料的研究成果在建筑领域也得到了广泛的应用。现今，加气混凝土、泡沫塑料、泡沫混凝土、泡沫玻璃、泡沫橡胶等内部有气泡的呈现蜂窝状的建筑材料已经在建筑领域大量使用，不但使建筑结构变得更加简单美观，还能够起到很好的保温隔热的效果，并且成本比较低，有利于推广应用。

2. 仿生结构的设计

仿生结构的设计指的是将生物和其栖居物作为研究原型，通过对结构体系进行有效地分析，给设计结构提供一个合理的外形参照。通过分析具体的结构性质，把其应用在建筑施工设计中，可以提出合理并且多样的建筑结构形式。建筑对于结构有着各种不同的要求，例如建筑跨度、建筑强度、建筑形态等。仿生结构自身具有结构受力性能较好、形态多样并且美观等特点，因此，在建筑领域得到了比较广泛地应用。在大跨度的建筑中，使用的网壳结构、拱结构、充气结构、索膜结构等，都属于仿生结构设计的良好示范。

3. 仿生系统开发

仿生系统的开发是把生物系统作为原型，对于原型系统内部不同因素的组合规律进行研究，在理论的帮助下，开发各种不同的人造系统。仿生系统开发重点在如何处理好各个子系统与各个因素间的关系，使其可以并行，并且能够相互促进。建筑属于高度集成的一个系统。伴随建筑行业的不断发展，生态建筑将会不断兴起，在建筑中涵盖的子系统也会越来越多，例如能耗控制系统等，系统的集成度也会越来越高。仿生系统有良好的整合优势，因此，其在建筑领域的应用的前景十分广阔。

（五）国外仿生设计的应用

国外建筑设计人员对仿生设计理念的应用时间非常长久，通常情况下，国外都将融入这种理念的建筑称之为有机建筑，其设计的原则也主要是建筑与周围环境的有机结合，这也正是将称之为有机建筑的重要原因。流水别墅是运用仿生理念的最典型的建筑，设计人员运用仿生理念，将其设计为方山之宅，给人一种大自然自己打造的房屋的感觉，因此其设计方法就是运用楼板与山体自然的结合，在具体施工时根据建筑整体来选择所需要的建筑材料，仿生设计与普通的建筑设计相比，其对建筑设计人员的要求更高，而这种流水别墅的设计则有更加严格的要求，尤其是突出体现出建筑艺术美感，而且要保证这种美感不能脱离实际。从上述中，我们能够明显地知道，流水别墅是一个非常具有超越性的设计，该设计将建筑结构与周围环境之间的融合达到最佳的切合点，从而给人一种自然美与艺术美。居住舒畅，身心放松，浑然天成，这是流水别墅给居住者切实的感受。

目前国家建筑设计人员越来越多应用仿生设计理念，运用原始自然环境中所拥有的物质进行设计，将自然中天然的美感融入建筑设计中，使建筑具有大自然的气息。最为重要的是，国外建筑设计人员之所以大量地使用这种建筑设计理念，主要是因为这种设计理念比较自由，主要是看设计人员对自然的理解，对美的追求，而且设计人员完全可以按照自己的感情来设计，其约束力比较小。比如有些建筑设计人员比较喜欢动物，其设计的建筑往往类似于某种动物，尤其是动物中某些细节部分，比如纹理等。

（六）我国建筑结构的仿生设计

我们就以我国园林设计为例，其特点是动静结合，动中有静，静中有动。用色淡雅，朴实，与自然景观相互融合，既不显建筑的单调，又极好地烘托了主题。同时，苏州园林体现了古人对天时，地利，人和的追求。把山、水、树完美地融入他们的生活之中，增加了许多生活情趣。中国古人的园林建筑，讲究一步一景，步步为景，一景多观，百看不厌。因此，中国的苏州园林，讲究心境和自然的统一，互为寄托，即古人所讲的“造境”：有造境，有写境，然二者颇难分别。山川草木，造化自然，此实境也。因心造境，以手运心，此虚境也。虚而为实，是在笔墨有无间，故古人笔墨具此山苍树秀，水活百润。于天地之外，别有一种灵气。或率意挥洒，亦皆炼金成液，弃滓存精，曲尽蹈虚揖影之妙。

此外，中国的民居建筑和村落也很受国内外人士的欢迎。用仿生学的原理进行城市规划和设计是中国古代传统地理在城市选址、规划、布局和建设的一大特色。中国古代传统讲究天文，地理和人文的相互结合，故而产生了青龙、朱雀、白虎、玄武之说。古代人根据这些条件，创造了许多优秀的建筑。这些环境设计上精心营造“天人合一”意境，刻意体现园林文化情调“天人合一”意境和园林文化情调，是徽派古民居环境设计中刻意追求的特色和目标。

除了这些，还有很多这样能体现本国个性的建筑。而这些建筑，均不是凭空产生，而是建筑师们的精心设计。所谓“设计”，是指在建筑物的外形，色彩，材质等方面的改革，使之更能吸引人们的眼球，间接增加它的物质利益。当今建筑，从低空间到高空间，从色彩单一的白墙黑瓦到各种色调的钢筋混凝土，其风格受西方影响越来越显露出现代色彩，国际建筑风格趋于统一，地域特色逐渐变得不明显。为了使本地的建筑有地方特色，成为地方标志性建筑，建筑师们通常仿造一些物品使人们对其印象深刻。虽说现代城市建筑所用建材及造型相差无几，但每个国家都有它独特的建筑风格，即国家个性。只有反映国家个性的建筑才能流传至今，为后人树立典范。

（七）仿生建筑的发展展望

仿生方法在当代建筑结构设计中的应用日趋成熟，在仿生理念的影响下，各类仿生建筑不断涌现。大数据时代，能够对海量数据进行存储和分析，许多信息实现共享，更多的自然生物数据可以为建筑结构设计所用。例如，可以提取人体皮肤特性数据，开发像皮肤一样能感知温度变化、保温、透气，能随着外界气候条件的变化自我调节的功能化建筑材料。在进行房屋结构设计时，提取医学数据中人体受外力时神经系统、肌肉系统为保持稳定做出反应和发出指令的相关数据，用于研究建筑物的应激反应系统，该系统应包括感应模块、分析模块和防御模块。建筑物受到外部作用时，感应模块将收集到的数据传送给分析模块分析提炼后，向防御模块发出指令，启动防御模块抵御外部作用，保证建筑物自身的稳定性。建筑物的应激反应系统将是综合运用外观仿生、材料仿生和结构仿生的基础上进行的强大功能仿生。我们有理由相信，在大数据环境下，未来的建筑将会成为能呼吸、能生长、能进行新陈代谢、具有应激性的“生物体”。

第二节　智能建筑设计

一、智能建筑设计的相关问题

作为建筑科技、通信技术、信息设计的综合产物，智能建筑的出现为建筑的发展开辟了全新道路，如何把握智能建筑的发展趋势，如何重新定义和定位智能建筑的内涵成为建筑设计师的首要目标。基于这一认识，结合智能建筑的定义与实际工作中的设计经验，论述智能建筑在设计过程中遇到的主要问题，为掌握智能建筑设计创新提供参考，进一步提高设计水平。

智能建筑指通过将建筑物的结构、系统、服务和管理根据用户的需求进行最优化组合，从而为用户提供一个高效、舒适、便利的人性化建筑环境。智能建筑的发展得益于经济、文化和科技的迅速发展，智能建筑的出现重新优化了人们的生活环境、居住空间和交往条件。[①]

（一）智能建筑系统设计

1. 智能建筑的自动化系统设计

自动化系统在智能建筑中广泛应用，主要包括通信网络自动化系统，办公自动化系统和建筑设备自动化系统，明确上述系统的设计之后再进行智能建筑的设计。在一般建筑中，自动化系统设计已经有所体现，在自动化的基础上为最大限度地提高自动化利用率，智能建筑需要加强对通风、火警、变配电、给排水等各种设备运行状态的监控，以达到统一管理、分散控制和节能减排的目标。

2. 智能建筑的通讯系统设计

以综合布线为基础的通信网络自动化系统为保证智能建筑通信的畅通，需要利用多种设备完成对语音、图像、控制信号的利用和传输，维护费用在传统建筑物中占比高达55%，综合布线系统较好地解决了此类问题。

3. 智能建筑的办公系统设计

人们对办公系统自动化的要求随着现代社会数据处理量和文件资料数量的增加进一步提高，可以通过计算机与通信技术实现。办公自动化系统主要包括主计算机、传真机、声像储存设备等一系列办公设备，办公自动化系统可以帮助用户实现自动化的办公。

仅仅是简单地将上述系统叠加起来是无法起到预期的作用的，针对智能建筑规模大小，设计相应的集成技术，为达到有效利用三大系统的智能建筑功能、共享信息、管理信息的目的，需要把分散的信息和设备

① 魏颖旗，张敏君，王森. 现代建筑结构设计与市政工程建设［M］. 长春：吉林科学技术出版社，2022.

统一集成在一个综合管理系统中。通信协议和接口符合国家标准是实现系统集成的前提。智能建筑已经不能满足于眼下常见的开放式数据互联技术、过程控制技术，先进的新型集成技术应该在智能建筑的设计中得到应用，以确保集成的效果。

（二）智能建筑的内部结构设计

天花板、屋顶、墙面以及地面等属于智能建筑内部结构设计的范畴。

1. 智能建筑的屋顶的设计

智能建筑屋顶是其与外界环境交换的主要部分影响着智能建筑的使用性能和居住，在考虑防雷的同时，综合考虑对太阳能和风能的利用，达到节能减排的目标，践行绿色环保理念，防雷措施可以考虑加强传统防雷设备等电位连接、接地等方面着手。另一方面，屋顶也是多种设备集中运营的空间，需要全面考虑优化资源空间，设备摆放情况，降低设备运行的噪声、电磁场等因素。天花板在设计时需要考虑天花板材质和性能，天花板负责淋浴、照明和送风系统的走线和出口任务。

2. 智能建筑的照明系统设计

另外为避免出现因智能建筑中视觉显示设备过多导致的眩光问题，这就对照明系统的设计提出了较高的要求，垂直和水平间的关系以及灯具摆放位置需要合理有效。同时，由于照明系统能耗占智能建筑总能耗达70%，应选择节能灯具降低能耗。地面可以设计为架空便于对线路进行控制。智能建筑中墙面不仅仅可以起到隔断和出站口作用，墙内也可以作为布置各类传感器的空间。

3. 智能建筑的节能设计

当今社会倡导保护环境，节约资源，因此高效利用能源，充分利用自然资源，也是智能建筑设计时的重点考虑因素，智能建筑的根本特征之一就是能源的高效利用，通过设计节能器具，降低智能建筑的能耗标准，综合考虑智能建筑在能源消耗方面的消费，实现节能状态下智能建筑的正常运行状态。

综上所述，智能建筑的设计是智能建筑发展的灵魂，在进行智能建筑设计时，对于三大系统之间和内部结构的科学合理地设计是保障智能建筑发挥其作用的前提。智能建筑需要将数字与文化，科技与生态结合起来，打造符合人类科学需求的智能建筑。

二、智能建筑设计模式

对于智能建筑而言，设计是非常重要的内容和环节，智能建筑本身的智能化水平是和建筑设计的情况有着直接联系的。这便需要重视智能建筑设计的管理工作，根据需要不断地对设计方案进行优化，将智能建筑的作用真正地发挥出来，给居民提供更好的服务。

随着计算机技术、电子科学技术的不断进步和发展，建筑也呈现出了智能化的趋势，各国对智能建筑愈加重视，智能建筑的出现也改变了建筑行业，改变了以往建筑的功能和结构。智能建筑不再仅仅是以往的砖石结合体，而是将现代科技很好地运用了进去，让建筑的灵活性更加出色，智能化水平很高。智能建筑也是将来建筑发展的一个方向，但是就现在而言，进行智能建筑设计的时候，方法还没有真正地成熟完善，必须采取措施重视建筑设计水平的提高，不断地对建筑设计措施进行完善。

（一）智能建筑设计的情况和特点

和一般的建筑设计有着明显的区别，在进行智能建筑设计的时候，必须把科学技术结合在建筑结构设计中去，并且还应该重视可持续发展理念的体现，这也是进行智能建筑设计的一个最基本原则。在设计智能建筑的时候，除了确保其能够很好地满足人们的实际生活需要，还应该重视环境的保护，节约能源，降低出现的资源浪费，这便要求在进行智能建筑设计的时候，应该将下面几项特征体现出来。

1. 节约性

在设计智能建筑的时候，应该重视现代科技的使用，重视资源消耗的降低，从而达到节约资源的目的。降低能源消耗指的是减少使用那些不可再生的资源，而重视清洁能源的使用和新能源的研发。在设计的过程中优化自然采光和通风，将风能、太阳能、地热能等新型能源利用进去，改进以往的暖通空调系统、照明系统以及排水系统等，重视能耗的降低和资源的节约。

2. 生态性

生态性在智能建筑中主要的表现便是绿色设计，这便要求建筑设计人员在进行智能建筑设计的时候，必须重视建筑和自然环境本身的协调工作，将现有的自然景观利用起来，在降低环境破坏的同时，促进自然和建筑更加和谐地发展。

3. 人性化

在进行智能建筑设计的时候，首先应该保证自动化控制系统的先进性，从而对整个建筑进行调节，给人们提供一个舒适的环境；其次，应该保证通信网络设施的良好，这样能够保证整个建筑信息数据流通的畅通性；再次还应该提供商业支持方面的功能，从而不断地提高整个建筑本身的工作效率和服务质量；最后还应该保证排泄系统的良好性，在保证无害的同时还应该更好地方便人们的生活。

4. 集约化

在智能建筑中，集约化也是其节能性体现的重要方面。以往在进行建筑设计的时候，往往会重视建筑的宽阔和大气，建筑本身的空间会比较大，并且开放性比较强，这样不仅会导致资源浪费的增加，对管理应用进行也非常的不利。这便需要在进行智能建筑设计的时候，重视空间资源的合理利用，将各种设计手法利用起来，提高空间的利用效率，实现集约化，重视能源的浪费，提高智能建筑设计的实际水平，让建筑本身更加的人性化和紧凑。

（二）进行智能建筑设计的一些方法

1. 智能建筑地面设计

在进行智能建筑地面设计的时候，可以将预制槽线楼板面层、架空地面以及地毯地面利用进去，架空地面本身布线的时候容量会比较大，并且布线方便。双层地面在进行弱电和强电布置的时候，可以分开进行，可以将其运用到旧楼改造中去，但是会导致地面出现高差的出现，在里面居住的时候很容易有不方便的感觉。在办公自动化的房间中，楼板面层预制线槽都可以运用进去，不会出现高差，施工的时候也非常的方便，可以在面层的 10cm 以内进行布设。在方块地毯的下面进行布线系统的布置，这种情况在层高受到限制的时候使用比较多，需要分支线路本身的线路和交叉点都比较少，施工的时候一般会使用扁平线，并且施工非常方便，但是在施工的过程中应该注意将其和办公家具结合在一起，做好防静电处理，保证使用的安全性。[①]

2. 智能建筑的墙面设计

在智能建筑中，进行墙体设计的时候，除了需要做好隔断，在墙面上还可以将出线口做出来，在墙体中还可以将控制设施以及传感器布置进去。

3. 智能建筑的天花板设计

在智能建筑中，天花板负责的任务比较多，比如说送风、照明、出风、喷洒和烟感等等，此外还会在天花板中走线，所以必须做好天花板设计，保证设计的实际质量。

4. 智能建筑的专用机能室设计

(1) 中央控制室

在智能建筑中，中央控制室的作用非常重要，其需要监控建筑的安全情况、设备运转情况等。

(2) 咨询中心

咨询中心中需要进行电脑、电子档案、多功能工作站、微缩阅读、影像设备输出和输入、闭路电视等一系列设备的配置。在进行电视会议

---

① 尹飞飞，唐健，蒋瑶．建筑设计与工程管理［M］．汕头：汕头大学出版社，2022.

室设计的时候，应该考虑到配电、光源、音响以及照度等等，保证设计的合理性。

(3) 决策室设计

在智能建筑中进行决策室设计的时候，需要考虑的综合因素比较多，比如说音响、会议、声音、通信系统以及电脑等等。此外，在设计的时候，还应该考虑搭配电脑机房、接待柜台等等。

5. 智能建筑的屋顶设计

在智能建筑中，建筑屋顶是直接和自然接触的一个空间，作用非常重要，一般情况下，在智能建筑屋顶上面会布置很多的设备，这便要求设计师在进行屋顶设计的时候，除了需要考虑到屋顶的绿化和美观，还应该将太阳能风能吸取的设备布置上去，将大自然提供的物质和能量很好地利用起来，与此同时，还应该根据需要进行防止自然力量侵袭的设备，做好预防方面的措施。此外，还应该充分考虑和了解设备运转的时候，产生的噪声、振动以及电磁场等等，在电缆穿过之后，怎么做好漏水防治，做好电线基座防震、防风以及防水方面的设置，保证建筑功能的发挥。

6. 智能建筑外部空间设计

在建筑中，外部的开放空间具备功能方面的要求，建筑外部空间，根据其功能可以分成人的领域以及交通工具的领域。在设计的时候，为了保证人逗留空间本身的舒适感，一般会将空间限定的手段利用进去，来进行封闭感的营造。在进行封闭感营造的时候，无论是将墙运用进去还是通过标高的变化都可以进行不同程度封闭感的获得。并且外部空间和内部空间具有明显的不同，其流动和开放的特点比较明显，在进行区域限定的时候，可以将意念空间设计使用进去。建筑师可以重视空间布局本身的独特性，来进行功能分区的协调。

并且在进行建筑外部空间确定的时候，还应该和城市规划结合在一起，人们的生活习惯和日照情况都具备明显的不同，而空间尺度的不同，给人的感觉也是不同的，这便要求建筑师必须重视尺度差异的运用，进行外部空间形态的创造。想要让外部空间更加丰富和有序，便必须和空间层次结合在一起，保证其秩序。一般情况下，外部空间序列的时候，一般有两种形式分别是曲径通幽和开门见山。

随着社会和时代的发展和进步，建筑智能化也是建筑发展的大趋势，这便要求建筑设计师必须认识到智能建筑设计的重要性，根据需要不断地改进自己的设计理念，将新的设计手段和方法运用进去，提高建筑本身的智能性，将其功能更好地发挥出来。

三、智能建筑的弱电工程设计

智能建筑在现阶段的社会发展中得到了较好的推广和普及，这种智能建筑的应用也确实在较大程度上提升了建筑行业的发展水平，科技化程度不断提升，相应的便捷性和应用灵活性也不断提升。具体到这种智能建筑的构建过程中来看，弱电系统是比较核心的一个方面，其直接关系到智能建筑各项功能的实现，相应的设计难度也比较大，进而也就需要设计人员围绕着相应的智能建筑弱电系统功能需求进行全面分析，切实做好弱电智能化系统设计工作。

（一）智能建筑弱电设计的基本思路

智能建筑弱电设计的关键是系统集成，这种集成不仅反映在整幢楼或整个小区，更重要的是反映在每一住户单元。任何一种集成都要求各系统、各设备有开放的通信协议，在大家认同的标准下进行通信及控制，系统集成的最终目标就是让用户得到满足其要求的最优方案，将原来相对独立的资源、功能等有机地集合到一个相互关联、协调统一的完整系统中。作为智能建筑弱电设计人员，我们所必须解决的问题是技术要求、技术指标以及广泛适应的走线条件。在此先分析一下结构化综合布线的优点。首先，结构化综合布线系统使用了标准化的线缆和接插头模块，非常便于各楼层及本楼层间的信息点管理，哪怕因办公室搬迁等因素造成的大量终端设备也仍能得到合理地使用。而传统布线，没有统一的标准，当设备需要移位时，会带来很多管理上的不方便或需要重新布线，且会对建筑物造成较大的破坏。其次，结构化综合布线有很强的扩展能力，同时结构化综合布线线缆还可以提供高速的信息传输能力，除了满足当前各种网络的需要外，还能满足未来发展的需要。

根据上述结构化综合布线系统所具备的优点，结合建筑物实际涉及的各个弱电系统，可以采用结构化综合布线系统作为语音、数据、图像及多媒体通信等系统的传输平台。而对于其他弱电系统，如建筑设备监控、火灾自动报警系统、安防监控系统等设备，固定性高，位置一般不会移动，尤其对于固定建筑物而言，这些系统的设备一旦选定，频繁更换的可能性和必要性都不大，所以这些弱电系统还是可以保持相对的独立性，甚至采用传统的配线方式亦无不可。当然在此基础上，我们要努力达到的是弱电控制系统的信息数据集成，因为这在智能建筑信息化系统中有着很不一般的意义。与此同时，智能化物业管理及信息管理服务都需要弱电控制系统提供数据信息，所以弱电控制系统集成应以信息数据集成为主要的方向。

（二）智能建筑弱电系统设计

1. 提高设计规范，加强智能化设计水平

施工方案设计与功能设计是整个弱电工程设计过程中的主要环节。此阶段的设计过程将直接决定建筑弱电智能化系统工程的总体方案。显然，要想让设计工程的质量得到有效保障，我们就必须保证所设计功能以及使用的设备与设计的方法都完全符合实际的施工合同要求，并且要以广大用户的角度来对智能化水平进行客观的评价。同时，在弱电工程的设计中，必须充分结合设计设备的功能来合理制定相应的施工内容。而所提供的智能化设计内容也必须充分地结合目前我国电子设备技术的发展现状，要新的智能化设计方案。另外，必须让设计工程的信号匹配、系统功能以及施工工序的合理性得到保障，对施工总体方案也要进行严格的审核，只有这样，智能化工程设计的规范性才能够得到充分的保证。

2. 仔细审查设计图纸

弱电系统施工过程中存在一系列的相关设计规范，施工规范以及验

收评定标准，施工技术人员应该结合这些规定与标准中的要求对设计方案进行审查优化，并与设计方案中相关内容相结合，以施工现场实际情况为依据对设计图纸进行会审。房间标高、尺寸等均应满足设计规范要求，针对新材料与新技术，结合相关标准规范展开核查。如果在审查过程中发现设计问题，应该直接以书面形式提供给建设单位。在建筑工程项目开始施工之前，应由电气技术人员对施工图纸进行深入了解与熟悉，同时与土建施工技术人员一同对土建施工图纸进行检查，将施工中施工交叉的地方列出来，结合土建施工计划对线路保护管敷设，桥架穿墙板留洞和支吊架预埋等列出相应的配合交叉施工计划，并对配合顺序进行进一步的优化，对施工过程中的一些质量通病进行把控，避免出现施工质量问题。同时在土建施工过程中还要制作好各种预埋件，做好必要的防腐处理工作，随土建施工进行预留预埋。

3. 严把设备与材料验收关

相关设备、材料、成品、半成品必须进行入场检验，一定要做到以下几点。

（1）对合格证（入场材料）进行认真检查。这里所说的检查主要包括产品的包装、品种、规格和附件等，以上资料均要求详细明确，如对产品质量有异议应送至有资质的第三方检验机构进行抽样检测，并出具检测报告，确认符合相关技术标准规定并满足设计要求，才能在后续施工中使用。

（2）对检验记录进行认真检查。应该按照现行的国家产品标准进行产品质量检查，检查的内容包括产品的功能、性能以及外观等方面。如果产品不具备现场检测条件，应要求供货方出具相关的检测报告，并对产品供应商提供的登记文件和相关检测报告进行进一步确认。

（3）软件、硬件以及系统接口的制造和供应商，按照相关要求与规定，均要提供产品使用和安装调试等方面的文件，这样才能使工程质量得到保证。

（4）对设备、技术说明等材料进行检查，看是否与相关要求相符合。

4. 重点做好各子系统的施工质量管理工作

安全防范系统、背景音响和紧急广播系统、卫星等有线系统等弱电子系统与建筑土建、装饰施工存在密切联系。弱电在进行施工时，施工单位要重视的内容不仅是各子系统的使用功能，还要重视的是观感验收。如，放在弱电井的控制箱其中的内接线要规格排列；室内的各项操作要到位，如排列整齐好各子系统的信息面板，具有详细标注。与此同时，在实行机电设备的安装工作时，要以各系统平面管线敷设图为依据。

5. 确保管线施工的质量问题

（1）置于同一管路内的线路主要系统、电压、电流类别相同。

（2）在进行综合布线穿线的工作时，要均匀用力，避免线打弯的现象发生，如果发生，马上停止，要解绕后再继续相关动作，双绞密度一旦遭到破坏会对运输的速度产生干扰。

（3）布管时的接头也有要求，不能有毛刺，穿线时要做到不划伤线；管在进行拐弯操作时，弯度要适宜，符合规定；安装桥架时，接头处要高低适宜，不能存在明显差异，这样进行拉线操作时，因为没有阻力就不会挂坏线缆；防护工作要到位，如竖向桥架和横向桥架的交接工作，确保穿线操作时，因为外力的关系，线缆不会断开。

（4）标注好各弱电系统的传输线路，选取不同颜色的绝缘导线分开标记，在对一个工程施工时，线别相同其颜色要相同，在接线端做标号。强电管线和弱点管线要保持距离，互不干扰。

（5）要求预埋的电线管不可以在钢筋的外侧进行敷设，是为了保证结构和保护层的厚度。同一处管路的进行交叉时要小于等于 3 条，线管并排绑扎的操作是坚决杜绝的。

（6）将管与管、管与盒要进行牢固连接，不能出现堵塞现象，进行牢固绑扎。

(7) 在住宅区的墙体上通常都有开关和插座，对墙体必须进行准确定位。

总之，智能建筑在采取弱电系统时，具有相当的复杂性和紧密性，这对于整个智能建筑性能的发挥有着重要的影响。所以这就要求在安装智能建筑弱电系统时，务必要对安装的质量和水平进行有效地管理和控制，实现有关专业的相互协作，从而使智能建筑能够最大限度地发挥自身的性能。我国的科学技术在不断地发展和进步，这也在一定程度上推动了智能建筑弱电系统的应用进程，促进高层智能建筑弱电系统安装的科学化。

四、智能建筑防雷设计

针对智能建筑防雷问题，以湖南气象夏季多雷电为背景，通过工程实例，对建筑综合布线系统，进行防雷设计。综合布线防雷设计，充分地利用建筑自动化控制系统与通信系统等，实现综合布线，重点布设防雷接地设备，以确保智能建筑的防雷性能，减少雷击对智能建筑的影响。

近年来，智能建筑逐渐兴起，成为现代建筑的象征。在实际建设的过程中，要考虑到雷击问题，尤其是南方地区，夏季多雷电，对智能建筑的影响较大，尤其是电气设备。基于此，要做好智能建筑内外的防雷电设计，合理布设防雷措施，利用防雷设施与技术，来提高建筑的抵抗雷击能力。

(一) 智能建筑雷击类型分析

就智能建筑雷击情况来看，雷电袭击类型主要包括直击雷以及感应雷。通常情况下，直击雷不会直接击中智能建筑内部的电子设备，可以不特意设置防雷装置。感应雷是出现强烈的雷电时，也会产生强磁场变化，其与导体感应的过电压与电流共同作用而形成的。感应雷对智能建筑的影响是致命的，所以必须设置防雷措施。

（二）智能建筑防雷设计技术

1. 分流技术

智能建筑防雷设计技术中，分流技术较为常用，是智能建筑防雷设计中，常用的电气防雷措施。分流措施的应用，能够起到保护电气系统的作用，比如设备与线路。在实际设计的过程中，分流优化设计重点在于避雷装置的布设设计。当发生雷击时，避雷装置能够降低电阻，可以形成短路，分散因为雷击作业而产生的电流，将电流直接引入大地中。[①]

2. 接闪技术

在进行智能防雷设计的过程中，运用接闪技术，能够为雷击的传播，提供专用通道。在传播通道中，能够确保雷电波安全释放，同时不会对智能建筑电气系统的运行，造成不利的影响，能够有效地降低因为雷击作用而造成的破坏。利用接闪措施，具有较强的防雷击目的，而且应用效益较高，能够保证电气系统安全运行，避免雷击破坏。

3. 均压技术

智能建筑防雷设计中，运用均压防雷措施，其关键在于实现等电位，此措施的原理，类似于联合保护技术，可以通过控制电位差，达到均匀防雷环境的目的，此方法能够达到智能建筑防雷击要求。同时为智能建筑电气系统安全运行，提供了高效的防雷措施，能够确保电气系统运行的可靠性与安全性。

（三）智能建筑防雷设计

湖南省某建筑工程地上 28 层，地下 2 层，主要构成包括主楼与裙楼，建筑高度为 89．2m。建筑顶端设置接闪器，配网系统电源加设过电压保护器，以此预防雷电波入侵。低压系统接地，采取的是 TN－S

---

① 朱文元．建筑设计原理与技巧研究［M］．北京：中国原子能出版社，2022．

的形式，进出线管道与外皮等，采取的是就近接地方式。现对此建筑综合布线系统防雷设计，做以下论述。

1. 工作区域系统

建筑综合布线系统工作区，主要是由跳线与插座构成，为了能够确保计算机网络系统稳定运行，采取固定信息插口的方式，控制传输速率在 100Mbps 左右。

2. 综合布线安全设计

为了能够确保智能建筑安全用电，按照相关标准与规范，进行综合布线，在设计时要合理地控制电力电缆距离，保证电阻$<40\Omega$。利用金属管，来屏蔽静电，以确保系统屏蔽的连续性。主配线之间利用铜缆配线架与同轴电缆，采取综合布线系统，来进行差别设计。

3. 防雷设计

(1) 安装防雷仪器

电气线路利用配电箱，来布置电压保护器与钢管等，对电气设备与航空彩灯等，进行防雷保护。为了避免雷击对智能建筑内部电气设备造成影响，在进行电气系统设计时，建筑内层的供电线路均需要安装保护器，来避免雷电电波侵入，减少雷击电压。建筑内部的各类线路与金属管道等，通过全线埋地的方式，埋入建筑内。利用金属管道，将入户端的电气装置以及金属外皮等相互连接。建筑内部的所有电气设备与金属管道，均需要布设接地装置，在进出口和防雷接地相互连接。建筑室外防雷，主要是针对空调主机与安装支架等，在建筑窗口前，布设金属分线盒，材质为镀锌扁铁，通过钢筋引入线焊接扁铁的一端，另外端口与多股导线连接。在使用时，只需要将盒子内的导线，直接与室外的空调机连接。

(2) 建筑物等电位接地

智能建筑防雷措施中，等电位连接是主要形式。实现等电位接地与连接，能够在发生雷击时，降低电气设备因为外露而造成触电的概率，能够降低电气保护动作的危险性，除此之外还可以降低危险电压产生的概率。电气灾害虽然不是因为电位高低造成的，但与电位差有着直接的关系。利用等电位连接与接地，能够消除电位差，确保电气设备与人员的安全。智能建筑内部若能够将等电位连接导体连接起来，比如导电物体或者独立装置等，能够有效地减少电位差。通常电气系统内的金属组件和共用接地系统，其实现等电位连接，可以采取S型星形结构或者M型网型结构，本工程采取的是S型，因为S型等电位连接网络，能够用于较小的系统或者设备，设施管线与电缆最好要从接地基准点，接入系统内。

（3）注意事项

智能建筑防雷工作中，屏蔽工作是基础，能够确保智能建筑的防雷击能力。当发生雷击时，会产生电磁波，对电气系统设备的安全运行，造成极大的影响，因此需要在设计防雷时，做好屏蔽设计，基于智能建筑的防雷需求，通过钢筋引线，形成等电位结构。因为钢筋的应用，可以实现分流，以高效地完成屏蔽工作。综合布线是智能建筑防雷的重点，在设计时要采取管沟敷设的形式，以屏蔽电缆，基于此进行垂直布设。

雷击对智能建筑的影响较大，尤其是电气系统，若未能做好电气系统防雷设计，则会对居民的安全性，造成极大的威胁，对此需要合理地设计智能建筑防雷，采取综合布线的方式，合理布设防雷装置，以提高电气防雷性能。

五、智能建筑地基结构设计

基础设计是智能建筑设计中的重要内容，也是保证建筑整体结构安全、可靠的关键因素。当前，建筑高度在不断增高，上部荷载较大，增加了基础工程承载力，加上地基工程属于地下隐蔽工程，存在的安全隐患较多，一旦发生事故，将会造成严重的人员伤亡和经济损失。

近年来，在社会经济发展的带动下，我国建筑业也得到了较大的发展空间，同时，人们对建筑工程结构设计要求也越来越高，因此，要不断提高智能建筑工程结构设计水平，尤其是地基结构设计。在设计过程中要对建筑材料的性质和地基土的变化情况进行详细分析，合理选择智能建筑基础形式和建筑材料，杜绝安全隐患，从而保障建筑工程结构安全、稳定。

（一）智能建筑结构设计中地基设计的重要作用

智能建筑地基结构承担整个建筑结构全部荷载，保证建筑工程的安全、稳定，此外，还能延长建筑工程的使用年限，使智能建筑充分发挥自身的经济适用性。合理的地基基础结构设计对智能建筑整体质量的提升具有重要意义，因此，要把握设计要点，科学合理进行设计。

（二）智能建筑地基结构设计要点分析

1. 桩基深度设计

在桩基础深度设计过程中，其持力层要选择坚硬的岩石，当桩端部插入持力层中，要以桩基直径为标准严格控制其深度。如果持力层是风化软质岩或砂土，其插入深度要大于1．5倍桩直径；如果持力层是强风化硬质岩和碎石土，其插入深度要大于1倍桩直径，同时插入深度要大于0．5m；如果持力层是未风化的硬质岩或灰岩时，可以根据工程的实际情况，缩小插入深度，但也要控制在0．2m以上；如果持力层是黏性土，其插入深度要大于2倍桩直径。

2. 桩基础设计

智能建筑工程地基结构设计中，如果为不满足承载力要求和变形要求的天然地基或人工加固地基，要采用桩基础。桩基础平面布置规则如下。

（1）同一结构个体不能同时采用桩顶荷载全部或主要由桩侧阻力承受的桩和桩顶荷载全部或主要由桩端阻力承受，桩侧阻力相对桩端阻力而言较小，或可忽略不计的桩。

（2）直径较大的桩应采用一个柱子一个桩的形式布置，筒体采用群桩时，在符合桩与桩之间最小距离前提下，尽量在筒体以内或不超出筒体外缘一倍板厚范围之内布置。

（3）伸缩缝或防震缝处布置可以采用将两根柱子设在一个承台上的布桩形式。

（4）在剪力墙下布置桩，要综合考虑剪力墙两侧应力的影响，在剪力墙中心轴周围可以按照受力情况均匀布置。

（5）在纵横墙交叉位置布置桩时，横墙较多的多层建筑在横墙两侧的纵墙上布桩，门洞口下面不宜布桩。

（6）在布置过程中，各个桩基础顶部受力要均匀，上部结构荷载重心要和桩重心相重合。

3. 后浇带设计

随着时间的推移，地基会发生不均匀沉降，因此，在设计过程中，要合理设计后浇带的宽度，通常控制在800～100mm之间，另外，后浇带要尽量设置在各层相同位置处。在后浇带设计中，混凝土等级要比原建筑结构高一等级，当基础施工完成后，应将后浇带梁板支撑好，待后浇带浇筑完成后，且混凝土强度等级达到拆模要求后，方可拆除。

在建筑结构设计中，后浇带的设置能够有效解决混凝土施工期间出现因收缩造成的裂缝问题，在混凝土浇筑过程中，受温度因素的影响，结构应力集中效果较低，混凝土出现收缩现象，严重时造成裂缝。为了避免裂缝产生，在后浇带部位要断开浇筑混凝土。但是，在某些特殊情况下是不允许设置后浇带的，这时需要在结构设计时，明确后浇带断面形式，如果地下水位较高，可在基础后浇带的下方设置一层防水板。

（三）智能建筑结构设计中地基基础类型的影响因素及注意事项

1. 智能建筑地基基础类型的影响因素

(1) 建筑材料性质的影响

由于建筑材料受热膨胀系数的影响较大，在智能建筑地基设计中，要将温度考虑在内。建筑中最常用的建筑材料是混凝土，同时其受环境的影响较大，混凝土这一建筑材料单位温度变化幅度较大，随温度和气候的变化较为突出，温度较低的情况下，混凝土内部应力变化较大，导致混凝土表面出现裂缝；当遇到暴雨天气时，由于混凝土孔隙较多，吸水后容易出现膨胀现象。因此，在设计中，要综合考虑混凝土性能和特点，在设计中仔细计算环境、温度与气候变化对于建筑结构的影响，同时采取科学、合理的应对措施，防止混凝土裂缝和膨胀问题出现，如根据工程情况，合理设置伸缩缝，切割大面积浇筑的混凝土，降低混凝土分布的连续性。

(2) 地基土变化的影响

在高层建筑结构设计中，要综合考虑风力对建筑物造成变形的影响，如在四级风力作用下，部分高层建筑在 100m 及以上位置会感受到非常小的震动，因此，设计人员要综合考虑钢筋弹性系数，在保证建筑物形状的前提下，提高高层建筑物的稳定性。而地基承担着智能建筑物全部的荷载，作为建筑物受力的最底层，其受力情况还会受到地基土的影响，如地基土刚性、软硬程度和分布情况。如果在基础设计中，地基为未完全风化的基岩，基础结构整体稳定性较好，建筑的上部结构也不会产生磁应力。

但是，大部分建筑地基土都具有一定的可塑性，且很难通过人工方式对其进行加固处理，必然影响基础弯曲所需要力的分布情况。虽然土壤的摩擦力会受到限制而保持在抗剪强度内，但是在土壤摩擦力系数会受多种因素的影响，如土壤内部水的密度。

2. 智能建筑结构设计中地基基础设计注意事项

(1) 建筑物地基基础结构类型设计

当建筑物为砌体结构时，要优先采用刚性条形基础，如混凝土条形基础、灰土条形基础、毛石混凝土条形基础等，当基础宽度大于2．5m时，可以采用柔性基础；框架结构建筑，在上部荷载较大、没有地下储物空间、地基稳定性较差的情况下，需要采用十字交叉梁条形基础，以减少不均匀沉降现象发生，增强整体稳定性；而框架结构，在没有地下储物空间、地基稳定性较好、上部荷载较小的情况下，可以选用独立柱基础，在抗震设防区可以按照相关规范要求设置与承台或独立柱子相连接的梁；框架钢筋混凝土墙板承重结构，在无地下储物空间、地基稳定性较好，同时荷载较为均匀时，可以采用框架柱、独立柱基础形式，在抗震设防区，要特殊对待；地基情况较好的钢筋混凝土墙板承重结构，可以采用交叉的条形基础，如果地基基础强度达不到设计强度要求，可以采用筏板基础。

（2）箱筏基础底板挑板设计

由于整个基础面积中突出位置面积所占的比重较小，因此，在建筑结构地基基础设计中，将箱体基础底板和挑板设计成直角或斜角；同时，避免增加底板通常钢筋的长度，大大节约了建筑成本，提高了经济效益。此外，在箱筏基础底板设计时增加挑板，还可以降低基础底部的附加应力，降低沉降量，矫正沉降差和整体倾斜度。当基础结构位于天然地基和人工地基交界处时，增设的挑板就可以将人工地基上部分承载力转移到天然地基上，提高建筑结构的安全性，降低建筑工程成本，同时还能够减少安全隐患。例如，地下水位较高时，避免地下水影响地基基础稳定性。

总之，在建筑工程结构设计中，地基基础设计对整个建筑物的安全和稳定具有重要意义，同时也是影响建筑物整体质量的关键因素，因此，在地基基础结构设计中，应把握设计要点，合理设计桩基埋深和后浇带设计；同时，综合考虑地基土变化情况、地基基础的材料和类型，从而保证智能建筑物整体质量。

六、智能建筑的综合布线系统设计

近年来，随着我国城市化进程的加快和科学技术水平的不断提高，各种智能化建筑随之出现。在智能建筑中，存在着大量的智能化系统，为确保数据传输的可靠性，应当建立起一套完善的综合布线系统。

（一）综合布线系统的特点分析

综合布线系统采用先进的通信技术、控制技术和计算机技术，与传统布线系统相比，具有明显的应用优势，具体表现在以下方面。

1. 兼容性

在建筑物传统布线系统中，需要对交换机、计算机网络系统等不同设备使用不同的电缆，这些电缆的配件各不相同，不具备兼容性。而综合布线系统处于独立运行状态，与其他系统的关联性不强，可兼容其他系统，如多媒体技术、数据通信、信息管理系统等，能够满足技术快速发展的需求。

2. 开放性

传统的布线方式无法对安装完成的信息传输线路做出调整，若必须调整，则要重新进行布线。而综合布线系统支持任何网络结构，如环形结构、星形结构、总线型结构等，可容纳任何采用统一标准生产的产品，并支持与此对应的通信协议，能够满足随时调整信息传输线路的要求。①

3. 灵活性

传统布线方式不能灵活连接不同类型的设备，其应用功能十分局限。而综合布线系统可在任何信号点连接计算机、终端设备、服务器等设备，其采用标准化的模块设计，可快速实现信息通道的转化，并支持

① 胡群华，刘彪，罗来华．高层建筑结构设计与施工［M］．武汉：华中科技大学出版社，2022.

独立系统信息传输，即便在设备跳转时，也可以利用原有通信节点更换信息模块，不需要占用新的传输通道。

4. 扩展性

综合布线系统的结构化布线具备良好的扩充性，在系统运行一段时间后，可将其他设备接入该系统，以满足更大的需求。综合布线系统采用国际标准生产的材料、部件和设备，随着智能建筑自动化技术的发展，综合布线系统可与楼宇自动化系统连接，满足通信设备、智能控制设备的技术更新需要，为建筑内部提供完全兼容的扩展环境。

（二）智能建筑综合布线系统的设计方式

1. 系统的建设目标

综合布线系统由多个子系统组成，主要包括网络布线系统、基础网络平台、服务器系统、网络监控系统、楼宇自动化系统以及智能化机房等。下面重点对其中的网络平台、服务器系统以及智能化机房的设计方式和要点进行分析。

2. 综合布线系统的设计要点

（1）网络平台设计

综合布线系统中的网络平台是一个较为重要的子系统，在对其进行设计时，主要是以高性能为目标。经过综合分析后，决定采用层次化的结构模型，并以高冗余的设计思路对相关的部件进行设计，同时采用千兆以太网等技术。

①层次化设计

在层次化的结构模型中，需要对各个功能模块进行设计，从而使不同的层次负责完成相应的任务。具体包括以下几个层次：一是接入层。该层负责为计算机终端提供接入功能，实现与二层和三层之间的数据交换，采用双链路上行的方式进行设计，这种设计最为突出的优势在于使网络带宽大幅度提升，由此可进一步增强网络运行的可靠性。二是核心层。这是整个网络平台的骨干层，可完成高速的数据交换，为此，该层应当具备较高的可靠性和可扩展性。由于该层还承担汇聚层的功能，所以可将之作为接入设备的网关。

②冗余设计

在网络平台设计中，采用冗余性设计的目的是防止单点故障导致业务中断的问题发生。需要特别注意的是，网络平台中的冗余并不是越多越好，如果冗余过大，可能会使网络的复杂程度有所增大，还可能导致网络故障的恢复时间延长。为此，在冗余设计中，可将重点放在硬件模块的冗余设计上。通常情况下，交换机会提供硬件冗余，所以在对节点设备进行选取时，要充分考虑设备的冗余。基于这一前提，核心层设备选取双交换引擎和双电源供电，在提高设备运行可靠性的基础上，使其达到预期的使用需求。

③网络设计

网络平台的网络设计是在智能建筑内设置一套统一的网络系统，核心设备采用的是千兆交换机，在外网出口布设防火墙、运用安全策略及访问控制等措施，提高网络的安全性。

(2) 服务器系统设计

在智能建筑的综合布线系统中，网络平台的主要服务对象为应用系统，其运行的稳定性和可靠性直接关系数据传输。在对服务器系统进行设计时，需要重点考虑如下问题：所选的服务器应当具有较高的处理能力、良好的扩展性及容错性。在选择服务器时，应对上述因素进行综合分析，确保服务器的CPU处理能力强、内存大、运行稳定。

(3) 智能化机房设计

智能化机房是综合布线系统设计的重要环节之一，为满足使用需要，应遵循如下原则对机房进行设计。

①先进性

可在机房设计中，应用先进的技术和设备，从而使整个系统在技术上保持良好的先进性。

②安全性

网络运行是否安全、可靠直接关系系统的使用效果，因此，应当在重要设备和链路上采用冗余设计，并对机房进行合理布局，加强设备的日常维护，提高机房管理水平，为综合布线系统的安全运行提供保障。

③可扩展性

随着相关业务的增多和设备的不断扩容，以及用户数量的增加，使得机房的业务随之增大，为避免重复建设导致过多的资金投入，应使机房具有可扩展性，能够满足一段时期内的使用需要。

综上所述，在智能建筑中，综合布线系统具有非常重要的作用，为此，应当结合实际情况，对综合布线系统进行合理设计。在具体的设计过程中，网络平台、服务器系统及机房的设计是关键环节。在未来一段时期应当加大对相关方面的研究力度，持续不断地对综合布线系统的设计方案和方式方法进行优化改进，从而使设计出来的系统更加完善，能够更好地为智能建筑服务。

七、智能化空间规划及设计

随着建筑行业的快速发展，智能建筑成为建筑行业发展的方向和趋势，智能建筑空间设计是智能建筑建设过程中的重点工作，必须进行重点分析和研究。

智能建筑以更深、更广、更直观和更具有综合性的方式，来塑造空间的效能和魅力。它正在使建筑的传统空间关系发生改变，正在使人与建筑的关系发生改变。核心筒的分散和分离、中庭空间的介入已使智能建筑的空间形成模式彻底发生变化。

（一）空间规划

为实现活动空间的舒适、容易满足各种需求；适合自控系统精密要求的环境，满足节能需要；提供能提高工作效率的情报及通信自动化系统环境；提供方便高效的辅助工作环境，必须坚持以下原则。

1. 办公硬件条件在逐年完善提高，为了空间能够灵活地得以利用，硬件应能够互通、互换、具有较强的兼容性。

2. 按处理的急缓需要和装置的重要程度，合理确定配备率或共用性后，决定空间等级，必要时区域能够及时开放，各个区域灵活连通。

3. 建筑结构、建筑网络甚至网络设施应具有灵活性。

4. 办公空间布局要具备私密和开放的要求，变化虽多，要考虑形式的基本一致。必须加强智能建筑设计和建筑创作中关于可变性和灵活性的方法技术研究，为城市和建筑共时态的多样性和历时态的可变性、生长性预设伏笔。空间形态的弹性程度将成为未来智能建筑创作评价标准的重要元素，而这一点和可持续发展战略是相一致的。

（二）空间效率

高层建筑中垂直交通和管道设备集中在一起的、在结构体系中又起重要作用的“核”，决定着高层建筑的空间形成模式。智能建筑中大量应用计算机和电信通信设备，其光缆与电脑网络管道井、配线箱、中继装置等，每层都必须设置3处以上才算合理。建筑上为了满足机电设备经常变动的需要，便开始将“核”分散化，分置多处设备用房和管道井，以便于局部更改、结构抗震、避难疏散及创造更大的使用空间，核与主体相分离的建筑实例比较多。建筑的形状、外形是由场地约束、经济、业主/承租人的要求及建筑师的创意等一系列因素而决定的，它进而又影响建筑进深，楼宇利用程度、业主/承租人效率程度。业主效率说明一个标准层占大楼净出租面积的比例，承租效率反映了居住者实际可用的租用空间。

（三）中庭空间

智能建筑中插入一个或在不同区域插入数个封闭或开放的中庭，这种内部空间设计手法提供自然化的休息空间，改善封闭的室内环境，体现了建筑的气派和空间变化，使得楼层间的自然通风换气成为可能并利用中庭节能。随着建筑环境的改变，中庭空间也从传统的采光、通风及休闲社交功能向容纳建筑内部交通组织、城市交通换乘和城市公共集会等多项功能复合。中庭功能的多元化、社会化也将给火灾防治、照明设计带来许多新的问题。由于中庭火灾的特殊性，对中庭火灾的防治也具有很多特殊性，在防火防烟分区、火灾探测报警、自动灭火、烟气控制以及人员疏散都与普通建筑有很大差别。国内常见的中庭建筑根据其与主体建设的关系和火灾防治措施归纳起来可分为长廊式、贴附式、内置式、贯通式、互通式等几类。

（四）空间布局

1. 决策空间

其空间面积、照度、家具和办公设施等建筑标准应很高，以便于向决策者提供良好的信息环境、工作环境与辅助决策支持手段。

2. 会议空间

增设现代化通信与办公手段，利用通信网络将分处两地的人，通过声音与影像举行会议。设置于安静、无回音的场所（如大楼的较高层位置），面积大小与形状根据功能容纳所需的设备与人员、开会人员均须在摄像机范围内，都能看到影像与画面等条件决定。会议桌背面的墙面不可开窗或有强光，空间形状及装饰能防回声，使用隔声、吸声装饰材料。

3. 接待休息空间

布置在靠外窗的周边区域，设有谈话站桌，内部设小会谈桌椅供员工协商交流。

4. 办公空间

建筑平面布置合理、采光设计良好，具有安全、健康、温馨、便利等特点，配备先进信息环境、自动化办公条件。

（1）单间型

并排隔间型，由相互邻近、面积不大的单间办公室组成，各隔间都有窗。办公室的面积与建筑模数不成倍数关系时，为保证安全与健康，应力避空调和消防盲区，保证单间型平面划分的合理性，要重视建筑模数的合理选择及设备系统的适应设计。

（2）开放型

空间被走道分隔为二，多采用大开间、无隔断或只有不超过1．5m的隔板平面布局方式，打印机、复印机、文件柜均共用，并按方便使用原则布局。对流动办公部门，可采取共享空间方案。

（3）混合型

隔间比例较大，重大的办公室分布在具有外窗的周边区，采用玻璃隔墙。内区做秘书与辅助人员办公区间及开放式交流场所，通过增加装饰物改善办公环境。

参考文献

[1] 曹茂庆. 建筑设计构思与表达 [M]. 北京：中国建材工业出版社，2017.

[2] 陈超. 现代日光温室：建筑热工设计理论与方法 [M]. 北京：科学出版社，2017.

[3] 陈春燕，安文，吴亚非. 现代建筑设计与创意思维探索 [M]. 长春：吉林科学技术出版社，2022.

[4] 陈妮娜. 中国建筑传统艺术风格与地域文化资源研究 [M]. 长春：吉林人民出版社，2019.

[5] 陈锡宝，杜国城. 装配式混凝土建筑概论 [M]. 上海：上海交通大学出版社，2017.

[6] 陈鑫. 传统建筑装饰语境下的现代室内设计研究 [M]. 昆明：云南人民出版社，2018.

[7] 程军生. 现代建筑环境设计与艺术表现方法 [M]. 南京：河海大学出版社，2021.

[8] 董凌. 建筑学视野下的建筑构造技术发展演变 [M]. 南京：东南大学出版社，2017.

[9] 董晓琳. 现代绿色建筑设计基础与技术应用 [M]. 长春：吉林美术出版社，2020.

[10] 冯翔，张建英，丁录永. 建筑装饰施工 [M]. 北京：中国轻工业出版社，2016.

[11] 高力强，高峰，朱江涛. 现代建筑的动态设计方法 [M]. 北京：中国建筑工业出版社，2016.

[12] 龚舒颖. 中国传统文化在现代建筑设计中的艺术表现 [M]. 长

春：吉林美术出版社，2020.
［13］郭莉梅，牟杨，李沁媛．建筑装饰设计［M］．北京：中国轻工业出版社，2016.
［14］郝永刚，黄世岩，韩蓉．现代建筑设计及其进展［M］．上海：上海交通大学出版社，2020.
［15］郝占国，苏晓明．多元视角下建筑设计理论研究［M］．北京：北京工业大学出版社，2019.
［16］洪涛，储金龙．建筑概论［M］．武汉：武汉大学出版社，2019.
［17］胡发仲．室内设计方法与表现［M］．成都：西南交通大学出版社，2019.
［18］胡群华，刘彪，罗来华．高层建筑结构设计与施工［M］．武汉：华中科技大学出版社，2022.
［19］黄波．现代绿色建筑设计标准与应用发展［M］．北京：地质出版社，2018.
［20］黄华明．现代景观建筑设计［M］．武汉：华中科技大学出版社，2020.
［21］江芳，郑燕宁．园林景观规划设计［M］．北京：北京理工大学出版社，2017.
［22］姜峰，卜刚，李卉淼．现代建筑结构设计的技巧研究［M］．哈尔滨：北方文艺出版社，2022.
［23］姜立婷．现代绿色建筑设计与城乡建设［M］．延吉：延边大学出版社，2020.
［24］蒋昌松．中国古典建筑综合规划设计［M］．北京：知识产权出版社，2016.
［25］焦丽丽．现代建筑施工技术管理与研究［M］．北京：冶金工业出版社，2019.
［26］黎昌伦．现代建筑设计原理与技巧探究［M］．成都：四川大学出版社，2017.

[27] 刘滨谊. 现代景观规划设计第 4 版 [M]. 南京: 东南大学出版社, 2017.
[28] 刘宏伟. 现代高层建筑施工 [M]. 北京: 机械工业出版社, 2019.
[29] 刘素芳, 蔡家伟. 现代建筑设计中的绿色技术与人文内涵研究 [M]. 成都: 电子科技大学出版社, 2019.
[30] 刘叶舟, 李志英, 王晓云. 建筑概论 [M]. 昆明: 云南大学出版社, 2021.